双边装配线平衡算法及其应用

胡小锋　金　烨　著

U0298743

科学出版社

北　京

内 容 简 介

　　本书以新型的双边装配线为对象,结合装载机和发动机等装配线规划的实例,论述了双边装配线平衡问题的算法理论。全书共分为 6 章,主要内容包括:双边装配线平衡的启发式规则、遗传算法、分支定界算法、基于分解策略的双边装配线平衡算法和基于仿真的双边装配线平衡方法研究等。

　　本书可作为机械制造、工业工程和管理科学等专业的研究生及高年级本科生参考教材,也可以作为从事相关领域研究的科研人员和工程技术人员的参考书籍。

图书在版编目 (CIP) 数据

双边装配线平衡算法及其应用/胡小锋,金烨著 . —北京:科学出版社,2015

ISBN 978-7-03-043514-9

Ⅰ.①双… Ⅱ.①胡…②金… Ⅲ.①装配(机械)-线平衡-算法-研究 Ⅳ.①TH163

中国版本图书馆 CIP 数据核字(2015)第 040128 号

责任编辑:魏如萍 / 责任校对:刘亚琦
责任印制:李　利 / 封面设计:无极书装

科 学 出 版 社 出版
北京东黄城根北街 16 号
邮政编码:100717
http://www.sciencep.com

北京凌奇印刷有限责任公司 印刷
科学出版社发行　各地新华书店经销

*

2015 年 3 月第　一　版　开本:720×1000 1/16
2015 年 3 月第一次印刷　印张:11 3/4
字数:237 000

POD定价: 60.00元
(如有印装质量问题,我社负责调换)

前　言

　　装配线是一种高效率的生产方式，广泛应用于发动机、工程机械和汽车等装备制造业。由于此类产品具有零部件数量繁多、体积庞大、结构复杂等特点，致使装配线过长、装配过程中搬运、夹装困难，严重影响装配线的运行效率，增加制造成本，降低产品的竞争力。新型的双边装配线允许在装配线的两侧同时进行装配作业，共用夹具，从而缩短装配线的长度，有效降低搬运和夹装次数。该类装配线造价很高，多达上亿元。因此，如何规划与设计高效、低成本的双边装配线显得尤为重要。装配线平衡是装配线规划和设计的核心。

　　与单边装配线相比，双边装配线的约束条件和平衡目标增加，使平衡问题变得更加复杂。而且，传统单边装配线平衡方法不再适用，需要研究适合双边装配线特点的平衡方法。近几年来，关于双边装配线平衡问题的研究已受到越来越多的关注，也取得了比较大进展，但离工程实际应用还有较大的差距，有待进一步提高。因此，针对双边装配线平衡问题的研究具有重要的意义与价值。

　　作者在国家自然科学基金等项目支持下，长期从事双边装配线平衡问题的研究。本书是作者及其科研团队多年研究成果的总结。在内容上，本书主要是将这些年来这一领域内的研究论文系统化，在全书的编排上，主要以某装载机和某发动机的双边装配线为工程背景，围绕双边装配线平衡问题的主要特点，使用不同的方法系统而全面地展开双边装配线平衡问题的研究。主要包括启发式规则、遗传算法、分支定界算法、基于分解策略的双边装配线平衡算法和基于仿真的双边装配线平衡方法研究。这种模块式编排，便于读者有针对性地进行阅读。

　　本书可供装配线设计与规划、机械制造和工业工程等领域的教学、科研与生产管理人员阅读与参考，也可作为相关专业研究生教学或教材参考书。本书出版，只期抛砖引玉，由于作者水平有限，不妥之处在所难免，敬请广大读者批评指正。

　　本书编写过程中，得到了吴尔飞博士、张亚辉博士研究生、杨红光硕士研究生等的帮助，在此一并表示衷心的感谢。此外，本书的完成得到了国家自然科学基金"时空耦合约束下随机装配线再平衡方法研究"（51475303）、国家自然科学青年基金"基于自适应分解的多目标大规模双边装配线平衡算法研究"（71001065）、上海市自然科学基金"多目标大规模双边装配线平衡算法研究"（09ZR1414100）、教育部博士点新教师基金"大规模双边装配线平衡的优化算法研究及应用"（200802481112）等基金项目的资助，在此谨致谢忱。

胡小锋

2015 年元月于上海交通大学闵行校区

目　　录

第1章 绪 论

1913年10月7日，亨利·福特在密执安州海兰帕克的汽车制造厂建成了世界上第一条装配生产线（简称为装配线），当时，所有汽车制造工厂都是装配的汽车固定，工人走动完成装配作业。而在福特公司，则是汽车沿着250英尺（1ft=3.048×10^{-1}m)长的装配线慢慢传送过去，工人们站在装配线旁边进行装配作业。这样做的结果就是在不到3小时内，一台汽车就能被制造出来。当时市场对汽车的需求呈几何倍数增长，这样的生产效率使得福特在市场上有了巨大的竞争力，仅在1914年，就生产出了近25万辆"T型"汽车，价格的下降和产量的提升使得福特汽车在世界上打响了品牌，获得了巨额的利润和巨大的影响力。装配线为现代汽车生产打下了扎实的基础，而且随着装配线的不断完善和推广应用，它极大地提升了企业的生产效率，提高了实际产量，优化了人们的生活。

装配线的出现不仅使管理层有了巨大的进步，也为标准化零件的产生提供了实践依据。由于当时大批量生产技术上也已经达到了一定的水平，所以说装配线的实现可谓是水到渠成。随着科学技术的不断发展，人们对装配线的研究与重视程度不断提高，随之带来的是装配线的原理以及实践经验等领域的不断发展。从最初福特公司的单一品种生产线到丰田公司创造的"准时化生产"，以及至今还在发展的柔性装配生产。

近年来，随着世界制造业中心向中国转移，我国制造的汽车、工程机械和发动机等产品在市场上的需求量日益增加。《金融时报》的调查结论称，保守估计，到2020年，中国家用轿车保有量将达到7200万辆。家用轿车将成为轿车乃至整个汽车工业增长最重要的拉动力量。为适应市场需求，提高市场竞争力，企业纷纷采用各种方法：提高产品的生产能力，使生产达到规模效应，从而降低产品生产成本；设计和引进新品种，满足消费者的不同需求，等等。这些都需要新建、改建或扩建装配线。据不完全统计，2007年国内各大汽车新建、改建或扩建各类装配生产线20余条[1]。

像汽车、装载机等大型产品的生产装配往往采用双边装配线。该类装配线的投资很大，少则几千万元，多则上亿元（目前在建的福州戴姆勒汽车厂NCV2装配线，投资约需2亿元人民币；上海大众为引进Model S车型而对Passart生产线的改造，投入约需7000万元人民币）。因此，如何规划设计一条高效、低成本的装配生产线，正越来越受到人们的关注。

据统计，装配线的规划设计成本一般占装配线总投入的 9% ~ 12%，因此，生产装配线规划具有重要的地位。然而长期以来，我国装配线规划设计水平相对较弱，装配线的规划和设计方法比较落后，大多借助经验进行装配线设计，难以求得较优或最优的设计方案。这使得设计的装配线生产能力或效率偏低，主要表现为：装配线上各工位的负荷相差很大，不仅产生大量的闲置时间，而且还会造成不必要的资源浪费，使得整条装配线的效率低下。因此，迫切需要研究如何提高装配线的设计水平。特别是对于目前应用广泛但研究较少涉及的双边装配线，亟须进行深入的研究。

通过研究、设计较优或最优的装配线方案，可以减少装配线的闲置时间，提高装配线的生产能力或效率；可以最大限度地挖掘现有制造资源的生产能力，满足市场的需要，避免盲目新建装配线，减少装配线的重复建设，等等。这对降低企业的生产成本，提高企业的竞争力具有重要的意义。

1.1　装配线的功能与特点

1.1.1　装配线的基本特征

在生产制造过程中，装配线是一种被广泛使用的生产方式。装配线通常由若干个工位以及连接这些工位的传动装置组成，被加工对象按照一定的工艺路线，顺序通过装配线的各个工位，并按照一定的生产速度完成各自的装配作业。

装配线的形式多样，可分成多种类型。按被加工件在工位中的移动方式，可分为同步装配线（paced assembly line）和异步装配线（unpaced assembly line）；根据被加工对象的种类，可分为单一品种装配线（single-model assembly line）、多品种混批装配线（multi-model assembly line）和混合品种装配线（mixed-model assembly line），等等。

装配线一般具有以下基本特征[2]：

（1）专业化程度较高。在装配线上固定地生产一种或者几种产品，在每个工位上固定地完成一道或者几道工序。

（2）生产具有明显的节奏性。被加工（装配）对象在各个工位上按一定的时间间隔投入及产出，即按节拍进行生产。

（3）工序过程是封闭的。工位按照工艺顺序排列成链状，加工对象在工位间做单向移动，接受连续的加工。

装配线作为流水生产的一种常见方式，常用于汽车、家电等大批量生产。在组织生产之前，需要对装配线进行规划设计。装配线平衡是装配线规划设计的一项重要内容，它是组织连续流水生产的必要条件，也是缓解生产瓶颈、减少空闲时间、提高劳动生产率和缩短产品生产周期等的重要方法[3]。

1.1.2　双边装配线的特点

双边装配线，顾名思义，就是将装配线分成左、右两边，即两个独立的操作区，工人在各自区域内并行、独立地进行装配作业。与传统单边作业的装配线相比，双边装配线具有"能缩短装配线长度"等优点；然而，装配方式的变化（双边装配），也产生了许多附加的约束条件，使得在进行任务分配（平衡）过程中需要考虑更多的影响因素，增加了装配线平衡的复杂性。

与传统单边装配线相比，双边装配线具有诸多优点，包括：

1）能缩短装配线的长度，从而缩短产品的下线时间

对于给定产品的一组装配任务，如果不考虑任务在装配时的约束（如任务之间的优先顺序关系约束等），理论上，采用双边装配线安排生产将比传统的单边装配线最多可缩短一半的装配线长度。

对于企业来讲，在保证产品生产率的前提下（给定节拍时间），所需的装配线长度越短，意味着车间占地越少，单位面积的利用率越高；而且，装配线长度越短，表示产品在线上停留的时间越短，下线速度越快，等等。这些可以有效地降低企业的生产成本，增强企业对市场的反应力，提高企业的竞争力。

2）能提高工装、夹具等的利用率，减少设备投资

对于双边装配线来讲，左右两边的工位只需一次夹装，工人们即可同时进行装配作业。因此，与传统单边装配线相比，它不仅可以减少夹具开、关的次数，节省花在夹具装夹上的无效劳动时间，提高工人的劳动生产率；而且，它还将减少夹具的需求数量，减少企业的投入。

另外，在双边装配线中，通过合理的安排与调度，左右两边工位可以共用某些工装设备，这不仅可以提高工装设备的利用率，也将减少企业在设备上的投入。

3）能减少工人的无效劳动时间，提高工人的劳动生产率，等等

在双边装配线中，工人固定在装配线的一边进行装配作业，他们无需围绕装配体（产品）来回走动，这将减少工人的移动时间，提高工人的劳动生产率。

而且，由于双边装配线中左右两边的工人可方便地进行交流、沟通和协作，因而可以更有效地完成装配作业，以及应付一些突发的情况。因此，与传统单边装配线相比，工人往往具有较高的工作满意度。

1.2　装配线平衡问题

装配线平衡，就是在满足一定的约束条件下（生产工艺约束和节拍时间约束

等），将一组装配任务尽可能均匀地分配到各个工位上，追求一个或多个目标的优化。装配线平衡实质上是一种组合优化问题。然而，与一般的组合优化问题（如装箱问题）不同，在装配线平衡中任务分配需要满足任务之间的优先顺序约束。因为产品结构和工艺的限制，任务之间存在一定的先后装配顺序关系，这种顺序约束关系被称为"优先关系"或"先序关系"（precedence relation）。

　　一个产品的所有装配任务及其先序关系可构成该产品的"装配优先顺序图"（precedence graph），如图 1.1 所示。在图中，一个圆圈表示一个任务；圆圈内数字表示该任务的编号；圆圈右上角的数字表示该任务的装配作业时间；圆圈之间的箭头表示任务之间的优先顺序关系（图 1.1 中，任务 2、3、4 与 5 都必须等任务 1 完成之后才能被装配）。

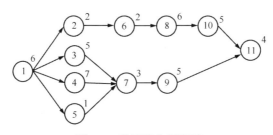

图 1.1　装配优先顺序图

　　在装配线平衡中，任务之间的优先顺序关系约束，使得任务分配变得相对复杂；而且，随着问题规模的增加，任务分配方案的数量会急剧增加，以至于难以在有限时间内获得平衡的近优解（最优解）。因此，如何快速有效地实现装配线平衡，一直备受学术界的关注。

1.2.1　简单装配线平衡问题

　　根据研究的对象、内容，以及约束条件等不同，可将装配线平衡问题分成多种类型。根据 2006 年德国 Friedrich-Schiller 大学教授 Becker 和 Scholl 在 *A survey on problems and methods in generalized assembly line balancing* 一文中给出的最新分类方法，将装配线平衡问题划分为两大类：简单装配线平衡问题（simple assembly line balancing problem，SALBP）和一般装配线平衡问题（general assembly line balancing problem，GALBP）[4]。

　　简单装配线平衡问题通常有较为严格的假设[5]：

　　（1）装配品种单一，装配工艺确定；

　　（2）装配线的节拍固定，工件在工位间同步移动；

　　（3）装配任务的作业时间确定，且与工位无关；

　　（4）除优先顺序约束外，任务分配无其他约束限制；

（5）装配线呈直线布置，工人单边作业；

（6）装配任务可在任何一个工位上完成。

由于在简单装配线平衡问题中，工人单边作业（或视同单边作业），因此，通常又称其为"单边装配线平衡问题"。虽然简单装配线平衡问题的假设条件不符合大多数生产实际情况，但它是研究装配线平衡问题的基础。一般装配线平衡问题则是通过对简单装配线平衡问题中约束条件的细化、松弛等，使平衡问题更符合实际的生产状况。一般装配线平衡问题包括双边装配线平衡、U 形装配线平衡等。

根据优化目标的不同，简单装配生产线平衡问题一般又分成两类[6]：

（1）第一类平衡问题（SALBP-1）：给定节拍时间，求最短装配线长度；

（2）第二类平衡问题（SALBP-2）：给定装配线长度，求最小化节拍时间。

SALBP-1 问题一般出现在装配线的设计阶段。在大规模生产方式下，装配线设计主要考虑的是生产能力要满足市场需求，减少系统投资和追求装配线的高效率。在预期的生产目标下（给定节拍时间），所需装配线越短（即工位数量越少）就意味可以减少设备和人员的投入，提高厂房的利用率及单位面积的产出，等等，这对于动辄需要数百万元至上千万元投入的装配线而言，具有重要的意义。

SALBP-2 问题一般出现在装配线的运行阶段。由于设备与人员基本固定，以及存在"学习效应"，装配线上工人的操作技能会越来越熟练，装配作业时间也越来越短；而且，随着技术发展，产品结构和工艺也可能发生变化，这均需要对已有装配线进行调整、优化，提高工人的劳动生产率、最大化装配线的产出，等等。另外，在装配线设计阶段，场地或生产设备的限制，使得装配线长度相对固定，而企业对产品产量、生产时间等有相对较大弹性时，该设计问题亦可转化为第二类平衡问题来处理。实际上，这两类平衡问题是相通的。

如不考虑装配任务之间的优先顺序约束时，简单装配线平衡问题可以退化为装箱问题（bin packing problem）。装箱问题属于公认的 NP 难类组合优化问题，因此简单装配线平衡问题也一定属于 NP 难类问题[6]。

随着问题规模的增加，NP 难类问题的组合数目将会急剧增加，计算时间呈指数方式增长，从而使寻优过程变得十分复杂。对于简单装配线平衡问题而言，影响其平衡复杂性的因素很多，主要包括以下几个方面[7]：

1）装配任务的数量

简单装配线平衡问题在某种程度上可以看成是装配任务的排列组合问题，如果不考虑任务之间的优先顺序约束，对于具有 n 个装配作业任务的装配线而言，任务的组合排列数就有 $n!$ 种。因此，随着装配任务数量的增加，组合数量将呈指数方式增长，这使平衡寻优过程变得十分复杂。

2）任务作业时间的分布

对一组装配任务来讲，如果它们作业时间的分布比较集中，而且数值上比较接近节拍时间，那么就很难将它们组合分配到装配线上。对于装配线而言，各工位上将存在大量的空闲时间，装配线平衡的效果较差；反之，如果任务作业时间的分布比较均匀，则相对容易组合，获得平衡的较优（最优）解。

3）先序关系约束的构成

对于平衡问题来讲，较多先序关系约束，一方面可以限制可行任务排列组合的数量，减少平衡的复杂性；但另一方面也会导致发现最优解的过程变得更为复杂。另外，产品装配先序关系图的结构也会影响平衡的复杂性。在先序关系图中，源节点越多，任务节点的分支越多，那么在枚举过程中可选任务将越多，任务的分配决策将变得越烦琐，平衡变得越复杂。

4）工位数量

工位数量对计算复杂性的影响也具有两面性。当工位数量较少时，对每个工位而言，工位上分配的任务数量将增加，相应地任务组合的数量也将增加，平衡变得复杂。然而，当工位数量较少时，每个任务可供枚举的工位数量将减少，目标函数值接近最优的可能性更大。

1.2.2 一般装配线平衡问题

有关简单装配线平衡问题的研究已进行大半个世纪，并取得了许多成果。然而在实际生产应用中，这还稍显不足。因为简单装配线平衡问题的研究有着严格的假设条件，而这与实际的生产条件之间存在一定差异。而且，随着生产技术的发展，装配线的布局方式、生产的品种数量等均有所变化，这些都需要研究人员进行进一步的研究。根据 Becker 和 Scholl 的分类准则[4]，把这些更接近实际生产环境下的装配线平衡问题，统称为一般装配线平衡问题。

一般装配线平衡问题，实际上是对简单装配线平衡问题中的假设条件进行松弛和细化，使之更符合实际的生产状况，具体表现在以下几个方面：

1. 装配线布局、作业方式的变化

传统的装配线都是直线形，工人单边作业。而随着社会的发展，市场的需求的变化，新的装配线布局、作业方式（U形、双边装配线等）不断被采用，产生新的装配线平衡问题。

1）U 形装配线

随着精益生产方式的推广，越来越多的装配线采用 U 形布局。与传统单边

作业的直线形装配线相比，U 形装配线更具柔性。因为对于 U 形线来讲，装配线入口和出口在同一位置，因此，其可按准时化的思想，按后工序的领取数量进行生产。

与传统单边装配线相比，U 形线作业的分工相对较粗，工人往往要完成相对多的装配作业，因而他们大都是多面手。这有效地减轻了传统装配线上因工作单调、枯燥无味，而产生心理疲劳、工作效率低等问题。而且，这也使得他们在装配线发生故障或者产品质量出现问题时，能够发挥团队精神去解决问题，提高了劳动生产率和产品质量。

另外，U 形装配线上的工位相距较近，工位之间的联系简单，简化了物料的运输，降低了库存，使产品计划和过程控制变得相对容易。因而，U 形装配线平衡问题的研究得到越来越多研究人员的关注[8~10]。

2）双边装配线

对于汽车、装载机等产品来讲，装配体的体积一般都比较大，采用传统的单边装配线进行装配时，工人需围绕产品来回走动，产生大量无效的行走时间。而且，该类产品的装配作业任务往往比较多，所需装配线的长度也较长，需占用大量的厂房空间。

面对日益上涨的原材料、劳动力成本等压力，制造业企业采取各种手段来降低生产成本，提高劳动生产率。针对汽车、装载机等产品生产装配来讲，由于此类产品的体积较大，能容纳多人同时进行装配作业，因此，不少企业纷纷采用双边装配线来安排生产，即在装配线的左右两边各自安排一定数量的工人，左右两边工人并行、独立地进行装配作业。

与传统单边装配线平衡相比，双边装配线具有缩短装配线的长度，从而加快产品的下线速度，减少工人的无效行走时间，提高工人的生产率等优点，因此，有关双边装配线平衡问题的研究也吸引着越来越多研究人员的目光。

2. 装配品种数量的变化

由于市场需求的细化，以及用户需求的个性化，难以再用单一、一成不变的产品来面对市场，而是需要根据市场的需求，提供多种不同品种的产品。为避免重复建设生产线，减少生产成本，人们尝试在同一条装配线上生产多个不同品种的产品，从而产生了多品种混合装配线平衡问题[11~14]。

3. 装配作业时间的变化

在手工装配线中，由于任务的复杂性、工人技术水平，以及工人走动速度等不同，对于同一装配任务所需的操作时间不是确定、唯一的，而是符合某种分布状态，如正态分布等。由于装配任务作业时间的不确定性，产生了随机装配线平衡问题。与简单装配线平衡问题相比，它更具挑战性，也吸引了许多研究人员的关注[15～17]。

4. 任务分配区域的变化等

在简单装配线平衡中，在满足任务之间优先顺序约束的前提下，假定任务可以被分配到任何一个工位。然而在实际生产中，任务的分配受到众多因素的影响。有些任务需要特殊的工装设备或对工人的操作技术有一定要求，因此在分配时尽可能分配在同一工位（或同一区域）内；有些任务由于工艺上的要求（像加燃油与安装电火花），必须分配到不同工位（或区域）中。因此，产生了带有"位置"约束的装配线平衡问题[18～21]。

1.2.3　双边装配线平衡问题

与传统单边装配线平衡一样，双边装配线中任务的分配也要满足"优先顺序关系约束"、"不可拆分约束"等原则。即对于任务（i）来讲，只有当它的前序任务全部被安排后，它才可以被装配；而且，它也必须作为一个"整体"被分配到某一工位中，而不能被拆分安排到多个工位。

此外，由于装配形式的变化，在双边装配线中任务的安排还要满足自身特有的一些约束条件，包括：

1. 任务的"操作方位"约束

双边装配线往往应用于大型产品的装配，如汽车、装载机等。这些产品的装配作业空间较大，可以使左右两边的工人同时、并行地进行装配作业。然而，也正是由于大型的装配体积给工人的装配作业区域带来一定的约束。对于装配线左边的工人来讲，他难以处理装配体右边区域内的装配任务；而对于装配线右边的工人来讲，他也不便处理装配体左边的装配任务。只有当装配任务位于装配体的中间部位时，左右两边工人才都可以装配。像这种任务只能由左边、右边的工人，或者左右两边工人均可装配的操作属性，称为任务的"操作方位"约束。

以某装载机的装配为例，油箱、空气滤清器和工具箱安装在机体的左边，要由左边的工人来完成；电池、空气罐和消音器等安装在机体的右边，需由右边的工人来完成；而像传动轴等安装在机体的中间位置，左右两边的工人均可装配。

因此，对于双边装配线而言，并不是所有的任务都可以分配到装配线的任意一边，而是需要根据任务的"操作方位"约束，将任务分配到装配线左边或是右边相应的工位上。

2. "序列相关"的完成时间约束

单、双边装配线的一个主要的区别就是,在双边装配线中,左右两边的工人是同时、并行地进行装配作业。左右双边并行作业提高了装配线的生产效率,然而也正是因为并行作业,极大地增加了平衡的复杂性。

在双边装配线中,存在特有的"等待"时间。当左边的工人 A 完成任务 a后,准备开始下一个任务 b 的装配时,有时会发现不能马上开始装配作业,而需等待一段时间后才能开始,因为任务 b 的前序任务 c(安排到装配线的右边)还没有完成装配。根据任务之间的优先顺序关系约束,工人 A 必须要等右边的工人 B 完成任务 c 的装配后,才能开始任务 b 的装配。

这种在双边并行作业模式下,左右两边工位上的任务通过优先顺序关系约束相互关联、相互制约,将产生无效的"等待"时间。而且,"等待"时间的产生与否、"等待"时间的大小和左右工位上任务的装配作业顺序密切相关(通过调整工人 A、B 的装配作业顺序,如延迟任务 b 开始装配的时间,或是提前任务 c开始装配的时间,可以减少"等待"时间甚至避免"等待"时间的产生)。因此,在双边装配线平衡中,任务的分配是"序列相关"的,要考虑包含"等待时间"在内的"序列相关"的完成时间约束(所有任务需在节拍时间之内完成)。

单边装配线平衡问题属于 NP 难类组合优化问题[22],随着问题规模的增加,可行解的数量将呈指数方式增加(组合爆炸),使得平衡寻优过程变得十分困难。双边装配线是单边装配线一般化,而单边装配线是双边装配线的一种特例。因此,双边装配线平衡问题也属于 NP 难类组合优化问题[23]。而且,与单边装配线平衡相比,双边装配线平衡要更加复杂。因为:

(1)在同等情况下,采用双边装配线组织安排生产将比采用单边装配线进行装配拥有更多的任务分配方案(平衡解),因此,从中寻找近优解(或最优解)将变得更加困难。

在双边装配线平衡中,除了那些必须分配到装配左边(L 形任务)或右边的任务(R 形任务)之外,还有一些任务既可以分配到装配线左边,又可以安排到装配线的右边(这些任务被称为 E 形任务)。E 形任务的存在,使得任务的安排具有更多的可选性,因而将产生更多的平衡方案。在双边装配线平衡中,E 形任务的数量越多,所产生的可行任务分配方案也越丰富,寻优也越复杂。

另外,在单边装配线平衡中,在满足任务之间优先顺序关系的前提下,工人可以按任意顺序进行装配作业,而不影响整个工位的完成时间。这也就是说,对于单边装配线平衡来讲,平衡与工位上任务操作顺序无关。因此,只要工位上分配的任务内容相同,不管它们的装配顺序是否一致,完成时间都是相同的,因此这些分配方案都是等价的。基于这个特性，可略去大量装配内容一致，但装配顺序不同的任务分配方案的搜索，减少寻优时搜索的空间，减轻搜索的压力。

然而，在双边装配线平衡中，由于装配线左右两边工位上的任务将通过优先顺序关系相互关联、相互制约，平衡的结果与工位上任务的装配顺序紧密相关，即平衡是"序列相关"的。因而，就算工位上装配任务的内容是相同的，但是装配顺序不同，也需将它们视为不同的分配方案，一一进行搜索、判断。

因此，同等条件下，采用双边装配线组织安排生产，将拥有更多的任务分配方案，相应地，从中寻找近优解（或最优解）也将变得更加复杂。

（2）在双边装配线平衡中，任务分配时的约束条件变多了，而且，关于约束条件的判断也更难了，这使得平衡变得更加复杂。

在单边装配线平衡中，任务的分配过程相对简单。根据任务的优先顺序关系约束，依次将无前序或前序任务都已被安排的任务分配到装配线的各个工位上，当工位上所分配任务的作业时间总和要超过节拍时间时，关闭当前工位，开启下一个工位，继续分配直至所有的任务都完成分配。

在双边装配线平衡中，任务的分配变得相对复杂。因为，任务的分配不仅要满足任务之间的优先顺序关系约束，而且，还要满足"操作方位"约束。另外，由于装配线左右两边工位上分配的任务可通过优先顺序关系相互作用、相互制约产生"等待"时间，而"等待"时间的大小和任务的装配顺序又紧密相关。因此，平衡需要考虑包含"等待时间"在内的"序列相关"的完成时间约束。这就不能像单边装配线平衡中，根据简单地累加工位上所分配任务的作业时间大小来判断是否满足节拍时间约束。这使得双边装配线平衡过程变得更加复杂。

（3）在双边装配线平衡中，左右两边的工位可以全部启用，也可以根据需要只启用一边的工位，保持另一边工位为空。这给生产安排提供了一定的柔性，但同时也增加了装配线平衡的复杂性。

在双边装配线平衡中，通过合理地安排任务，有时可以减少启用工位的数量，而不增加装配线的长度（即装配线上某些位置只开启一边的工位）。同等条件下，装配上启用工位数量越少，意味着所需的装配工人也越少，相关的工装设备等投入也将减少，这些都有助于节省企业的生产成本，提高企业的竞争力。

因此，在双边装配线平衡中，有时并不需要全部启用装配线左右两边的工位，在某些位置只需开启装配线一边的工位。这种可以全部或部分开启装配线两边工位的特性，使得在平衡时的任务分配具有更多的可选性，因而将产生更多的平衡方案，也对寻优造成更大的压力。

1.3　装配线平衡算法

1.3.1　单边装配线平衡算法

自 20 世纪 50 年代 Salveson[24]首次提出简单装配线平衡问题以来，研究人员提出大量的平衡算法，概括起来分为两个方面[22]：一种是从问题本质出发，追求平衡的最优解；另一种是从生产实际出发，为大规模问题快速寻找近优解（或最优解）。前者对应的平衡算法为精确求解算法；而后者则属于非精确求解算法（又称启发式算法）。对于每一类算法，又有多种平衡技术方法，大致可概括如下（图 1.2）。

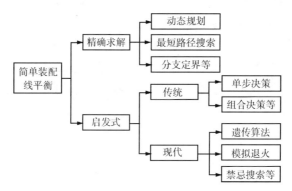

图 1.2　简单装配线平衡算法类型

1. 精确求解算法

在精确求解方面，研究主要集中在动态规划方法、最短路径搜索与分支定界方法等几个方面。

1）动态规划方法

1956 年，Jackson 首次运用动态规划方法来求解简单装配线第一类平衡问题[13]。从装配线的第一个工位出发，找出当前工位所有可能满足优先顺序关系约束、节拍时间约束且具有最大任务集的工位组合；然后在给定分配的基础上，继续枚举下一个工位的所有可能组合，依此类推，直至得到所有可行的分配方案，从中找到平衡问题的最优解（通过动态规划方法得到的最优解可能不止一个）。Jackson 从数学上证明了基于最大任务集规则的搜索，一定可以得到平衡的最优解。为减少枚举搜索的空间，Jackson 提出两种支配规则来判断当前搜索的分支是否可能成为问题的最优解，及时停止不能达到最优解分支的进一步搜索。

动态规划方法需要记忆大量的中间过程解,这对于大规模平衡问题而言,其所需的存储空间将是难以想象的。为此,技术人员研究、运用多种方法来减少中间解的规模。1978 年,Schrage 和 Baker 提出可行解支配规则来控制中间解的规模[25],他们通过为每个任务赋一个标签值（label value）,使得每种不同的任务组合对应唯一的标签值,使用这个标签值对枚举过程中出现的中间解进行处理,以减少中间解的规模。1982 年,Kao 和 Queyranne 提出一种基于树结构的方法来记录、比较中间解[26]。这些措施使动态规划在装配线平衡中应用有了较大的改进。

2）最短路径搜索

如果将 Jackson[27] 的动态规划方法中,每个阶段生成的工位解用图形中的"弧"来表示,弧的权值表示相对应工位解的空闲时间大小（节拍时间减去工位上所分配任务的作业时间）,那么,简单装配线平衡的第一类平衡问题,就转化为图形的最短路径寻优问题。每条完整的路径对应平衡问题的一种任务分配方案,其最短的路径即为平衡问题的最优解[28]。由于图形节点数量随着任务数量的增加也呈指数方式增长,因此,对于大规模平衡问题来讲,很难生成图形的所有路径,并从中找到最短路径。Easton 等[29] 提出多个支配规则来减少图形的尺寸,研究表明对于中小规模问题具有较好的效果。

3）分支定界方法

像动态规划等最优化方法,在寻优过程中需要记录大量的可能达到最优解的分支（中间解）,然后从中比较获得问题的一个或（往往）多个最优解。对于大规模平衡问题而言,产生的中间解数量将非常多,平衡变得十分困难,这部分限制了动态规划等最优化方法的性能。

实际上,对于装配线平衡问题而言,并不需要遍历整个的解空间,从中找到所有的最优解方案。1975 年,Pinto 等首次应用分支定界方法来求解装配线平衡问题[30]。与动态规划等最优化方法不同,分支定界方法致力于寻找平衡问题的一个最优解,它基于树的枚举搜索策略,从树的根结点出发,显性（或隐性）搜索所有可能的分支,一旦发现某个分支达到平衡的最优解,就停止搜索并返回最优解。

在分支定界方法中,节点的搜索方法主要有以下两种。

方法 1：深度优先（depth first search,DFS）

从根节点出发,按照一定规则（或随机选择）从下一层分支节点中选择一个来创建分支。然后,置新生成的分支节点为当前节点,再构造其下一层分支节点。依此类推,直至到达树的分支末梢。然后,通过回退完成其他分支节点的遍历。

方法 2：最小下界优先（minimal lower bound strategy，MLB）

从根节点出发，计算当前所有分支节点的下界值，从中找出下界值最小的分支节点，创建它的下一层节点。其后，重新计算选择下一个分支节点，直至找到一个平衡的最优解（或完成节点的遍历）。由于每次分配后，各个节点的下界值也将跟着变化。因此，MLB 搜索可能会在树的不同枝节中跳跃前进，而不像 DFS 那样以"激光"方式直线前进。

在基于 MLB 的搜索方式中，每次都需计算、比较分支的下界值，这需要平衡算法存储、管理大量的数据，影响了平衡算法的能力。研究表明，性能较优的分支定界算法都是基于 DFS 搜索方法[5]。

1988 年，Johnson 提出基于"任务"（一个分支节点表示一个任务）的分支定界算法（fast algorithm for balancing lines effeciely，FABLE）[31]。Johnson 首先运用"时间增量规则"对任务的装配作业时间进行预处理；然后基于 DFS 搜索策略生成枚举树。为提高枚举的效率，Johnson 引入 Jackson[27] 的两种支配规则，Schrage 和 Baker 的可行集规则[25]，并提出两种下界值计算比较方法，用来引导朝较优的方向前进。实验结果表明，该算法几乎实现当时所有算例（最大规模为 64 个任务）的最优化。

1992 年，Hoffmann 提出一种基于"工位"（一个分支节点表示一个工位解）的分支定界算法（EUREKA）[32]。与 FABLE[31] 中相对繁琐的处理不同（用"时间增量规则"等对任务作业时间进行预处理；在枚举过程中运用多种支配规则对分支进行决策），EUREKA 仅利用简单的"理论上最大可用松弛时间"来引导、约束分支的枚举。研究表明，在大多数情况下，EUREKA 能更快地找到最优解，因而，Hoffmann 宣称基于"工位"的分支定界算法效果更好。

对于 FABLE 与 EUREKA 算法来讲，枚举树的构建都是基于所求问题的下界值。在搜索过程中发现找不到下界值的最优解时，搜索将被终止并返回根结点。然后，更新下界值（＋1），重新构建枚举树，直至找到问题的最优解。因此，当计算所得的下界值与最优解不等时，FABLE 和 EUREKA 都要重复枚举生成可行树，而它们都没有利用前面枚举中的数据。为有效地利用搜索过程中的数据，最大限制地避免重复搜索，Klein 和 Scholl 于 1997 年提出一种基于局部下界（local lower-bound method，LLB）的分支定界算法（simple assembly line balancing optimization method，SALOME）[33]。在该算法中，当分支无法找到等于下界值的最优解时，为该分支赋一个局部下界值，根据当前局部下界值继续进行搜索，克服了 FABLE 和 EUREKA 算法中需要重新从头开始搜索的不足。作者还提出一种双向搜索规则（a bidirectional branching rule），从优先顺序关系图的前后两端进行搜索，以提高算法的搜索性能。研究表明，SALOME 能处理高达 200 多个任务的平衡问题最优化，优于 FABLE 和 EUREKA 算法。在此基础上，Bock 和 Rosenberg[34]、Bock[35]研究实现了多机版的 SALOME 算法。

2. 启发式算法

对于不同的装配线平衡问题来讲，任务的规模、优先顺序关系结构、装配作业时间的分布等各不相同，但精确求解算法很难根据问题的特性，有针对性地求解。而启发式求解算法在这方面具有充分的柔性，针对不同的问题，可以运用不同的任务分配规则进行求解，快速找到问题的近优解（最优解）。因此，吸引了许多研究人员的兴趣。启发式方法的研究经历了从传统基于规则的分配方法到应用现代人工智能方法进行平衡的变化。

1）基于启发式规则的平衡

a. 单步决策规则

在装配线平衡过程中，经常需要从多个满足约束条件的任务中选择一个任务进行分配。如何从多个可选任务中找出具有潜在能达到较优解（最优解）的任务进行分配，研究人员研究提出大量的启发式规则。根据这些规则，给每个任务赋予一个优先级（权值），根据优先级的大小选择分配任务。

1961 年，Helgeson 和 Brinie 首次提出"最大阶位权值"（maximum ranked position weight，MAXRPW）规则来选择分配任务[36]。所谓任务的"阶位权值"就是该任务装配作业时间及其所有紧邻后序任务的作业时间总和。之后，大量的启发式规则相继被提出，主要包括：

（1）"最大紧邻后续任务数量"（maximum number of immediate follower tasks，MAXIFOL）规则[37]。

（2）"最大任务作业时间"（maximum task time，MAXDUR）[38]；

（3）"最小上界值"（minimum upper bound，MINUB）[37]；

（4）"最小下界值"（minimum lower bound，MINLB）[37]；

（5）"最小松弛时间"（minimum slack，MINTSLK）[37]；

（6）"后续任务数量最多"（maximum total number of follower tasks，MAXTFOL）[39]；

（7）"最小任务编号"（minimum task number，MINTSKNO）[40]；

（8）"随机选择任务"（random task assignment，RANDOM）[40]；

（9）"最大平均阶权位值"（maximum average ranked positional weight，MAXAVGRPW）[37]；

（10）"最小上界值与任务所有后序任务数量的比值"（minimum upper bound dived by the total number of followers，MIN（UB/TFOL））[37]；

（11）"最大任务自身的作业时间与任务上界值的比值"（maximum task time divided by task upper bound，MAX（DUR/UB））[37]；

（12）"最大化任务所有后续任务数量与任务松弛之间的比值"（maximum total task followers，MAX（TFOL/SLK））[37]，等等。

b. 组合决策规则

单步启发式规则只能对一种情况进行判断，当出现多个任务的优先级（权值）一样时，无法根据问题特点进行有效地选择，为此，Dar-El[41]、Talbot 等[37]提出组合决策规则，即将多个决策规则有机地组合起来，判断、选择任务进行分配。研究表明，组合决策规则可以在一定程度上克服因单一决策规则偏好某一指标而造成平衡效果不佳的现象。

c. 回退决策规则

无论是基于单步还是组合决策规则的启发式算法，都是单向前行的，即平衡只搜索一种可能的任务分配方案，因而，所得的分配方案存在一定的偶然性。随着研究的深入，研究人员提出基于"回退"（backtrack）搜索的启发式平衡方法。该类启发式方法在找到问题的一个可行解后，不会马上停止搜索，返回平衡解，而是通过"回退"机制继续搜索其他可能的任务分配方案（基于启发式规则，搜索部分区域，不进行完全遍历），从中找到问题的较优（最优）解。

1963 年，Hoffmann[42]采用"0-1"矩阵来表示任务之间的优先顺序关系。基于该矩阵和一个指针向量 D 之间的组合运算，实现任务在工位上的分配。初始状态，指针 D 指向无前序的任务（对应关系矩阵中的行向量为 0，如有多个，取对应任务编号最小的一行）。将指针 D 指向的任务分配到工位上，更新关系矩阵（令该任务的紧邻后序对应的列向量为 0）。然后开始分配下一个任务，依此类推，直至得到一个平衡解。接着指针 D 回退到所得分配方案的最后第二个工位处，搜索其他可能的任务分配方案。如此重复，直至指针 D 回到起点。

基于"回退"的启发式算法，可搜索得到多种平衡解，从中比较获得较优的任务分配方案，但又不至于像精确求解算法一样，陷入完全枚举的困境。然而，研究表明，对于大规模平衡问题而言，Hoffmann 算法仍耗时较长，因为大量的时间花费在比较不同的、但实际上差异很少的平衡方案。

为减少算法的开销，研究人员提出多种改进方法。1975 年和 1978 年，Gehrlein 和 Patterson[43,44]两次发文对 Hoffmann 算法进行改进。通过引入可接受因子 θ，对于任何一个工位，只要能找到一种分配方案满足式（1.1），就停止对该工位的回溯。研究表明，设置合理的 θ 值，不仅可以减少算法的搜索时间，而且还有助于改善空闲时间在工位之间的分配，使各工位之间的负荷更加均匀。

$$0 \leqslant \mathrm{CT} - \sum\nolimits_{\delta} t_i \leqslant \theta([(\mathrm{CT} \times M) - \sum\nolimits_i t_i]/M) \qquad (1.1)$$

式中，δ 为当前工位上分配的任务集。

　　d. 最优搜索决策规则

　　精确求解算法能得到问题的最优解，但往往需要大量的计算时间，难以在有限的时间内实现大规模平衡问题的最优化。启发式算法求解速度快，但解的质量不稳定。为此，研究人员尝试将两者结合，期望能既快又好地找到问题的平衡解。

　　1984 年，Talbot 和 Patterson[37]将 MINUB 和 MAXDUR 启发式规则引入到其先前提出的整数规划算法 ALBCUT 和 ALBHOFF 中。实验结果表明，启发式规则能使搜索朝着较优的方向前进，从而能快速获得问题的最优解。

　　2）现代生物算法

　　从 20 世纪 90 年代起，随着生物算法（genetic algorithm、simulation anneal、tabu-search 等）研究与运用深入和成熟，研究人员将其引入到装配线平衡领域。其中，遗传算法在装配线平衡中的应用受到较多的追捧，并取得了较好的成果。有关遗传算法有研究，主要集中在针对装配线平衡特点的编码设计、遗传操作算子的处理及适应值函数的设置等方面。

　　Anderson 和 Ferris[45]首次将遗传算法应用于装配线平衡。在算法中，采用基于"工位"的编码方式（染色体上基因（i）的值表示任务 i 分配的工位值）；运用标准的遗传操作算子。在装配线平衡中，任务分配具有优先顺序关系约束，而标准的交叉、变异可能会破坏这种约束，因而将产生"不可行解"。为此，作者采用设置较高的惩罚系数来淘汰所生成的"不可行解"。

　　Leu 等[46]和 Sabuncuoglu 等[47]应用基于"序列"的遗传算法来平衡装配线。他们将染色体看做一条长为 n（任务规模）的装配序列，染色体上基因（i）的值为第 i 次要装配的任务。基于"序列"编码方式得到的染色体，在进行遗传运算中，可以保持任务之间优先顺序约束。然而，基于"序列"的遗传算法存在着收敛较慢的特点。因为，对于不同的装配序列来讲，可能对应同一个平衡解（各工位装配的任务一样，只是任务的装配顺序不同，而这不影响平衡结果），这使得遗传运算有时在做无用功，降低了算法的效率。

　　Rekiek 等[48,49]提出一种"归组"的遗传算法。在算法中，染色体由两个部分组成：任务的装配序列和所需的工位。在遗传运算中，通过对整个工位进行交叉、变异来实现种群的进化。研究表明，基于"归组"遗传算法具有较好的平衡效果，然而，由于需要针对各个平衡问题的初始解进行"归组"预处理，使得该类遗传算法不具一般性，限制了其应用。

1.3.2　双边装配线平衡算法

　　如要不考虑任务的操作方位约束，并且只开启装配线一边的工位，双边装配线将退化为传统的单边装配线。因此，单边装配线可看作是双边装配线的一种特例，而双边装配线是单边装配线的一种扩展。与传统单边装配线平衡相比，约束条件的增加，以及"序列相关"的平衡特性，使得双边装配线平衡变得更加复杂。目前，关于双边装配线平衡问题的研究还较少，仅有数篇公开发表的文献，研究主要集中于运用启发式平衡算法来解决第一类平衡问题（给定节拍时间，求最小化装配线的长度）。

1993 年，Bartholdi[50]首次明确提出双边装配线平衡问题。在书中，作者简要介绍了双边装配线的优点（能缩短装配线长度等），分析了平衡的复杂性。针对实际的生产问题，提出一种基于 first fit rule（FFR）启发式规则，可人机交互的任务分配程序，用来帮助车间计划人员进行生产规划。

2000 年，Kim 等[51]将遗传算法首次应用到双边装配线平衡中。他们采用基于"工位编码"方式来生成染色体，运用"关键阶位权法"（critically ranked positional weight，CRPW）对染色体进行解码，采用重分配策略来调整遗传过程中出现的"不可行解"。研究表明，该遗传算法的性能要优于 Bartholdi[50]所提出的 FFR 算法。

2001 年，Lee 等[52]研究提出，尽可能地将有优先顺序关系的任务分配到一个工位上，有利于提高工人装配作业的连续性，减少换装夹具、工具等无效劳动；通过合理安排任务的操作顺序，可降低左右工位上任务装配作业的关联性，减轻因某个任务延迟而产生大量"等待"时间的风险。为此，他们基于 Agrawal[53]的"最大集规则"（largest set rule，LSR）来组合分配任务，提高任务之间的相关度；运用多个启发式规则，最大化任务之间的装配作业松弛度。研究表明，相关度与松弛度的提高要以牺牲一定数量的工位为代价。

2005 年，秦杏敏等将经典的"RPW"（ranked positional weight）算法应用到双边装配线平衡中，提出 TRPW 算法[54]。作者意识到，基于启发式规则的双边装配线平衡算法，总是将任务尽可能均匀地分配到装配线的两边。这对于不需开启装配线所有两边工位的平衡问题来讲，很难得到最优解。因此，在平衡过程中，当剩余任务的作业时间之和少于或等于一个节拍时间时，TRPW 算法有意识地尝试将这些任务整体一道分配到一个工位上，以减少开启工位的数量。

2007 年，吴尔飞等[55]提出一种基于任务排列序列的遗传算法求解双边装配线第一类平衡问题，并提出了相应的解码策略，为保证经过交叉变异过程之后，仍能生成满足任务优先关系约束的染色体，提出了重分配策略。经过多组算例实验，此算法具有比 TRPW 算法和 FFR 算法更优的求解性能。同年，吴尔飞等[56]提出一种求解双边装配线第一类平衡问题的启发式算法，采用最大化五型任务的调节作用的启发式规则来进行双边装配线任务在工位中的分配。此算法具有优于多种常见启发式算法的求解性能。同时，Wu 等[57]提出了求解双边装配线第一类平衡问题的一种分支定界法。使用了一种求解最小开启工位数目的方法，来界定搜索过程中得到的解是否已经达到最优解标准，以期望缩短搜索时间；采用多种启发式规则来进行分支过程中的搜索方向选择，以期望更快的得到最优解。

2008 年，Hu 等[58]提出用于求解双边装配线平衡基于工位枚举的启发式算法。Baykasoglu 和 Dereli[59]首次将蚁群算法应用到双边装配线平衡中。由于工艺规划等原因，有些任务必须分配到一起（一个或数个连续的工位内），而有些任务则必须分配到不同的工位上。针对任务分配有"区域约束"的双边装配线平衡问题，作者展示了蚁群算法是如何进行平衡的。同年，侯东亮[60]针对某实际的双边装配线瓶颈问题，运用工业工程"5W1H"分析方法和"ECRS"四大操作方法进行求解，取得了较好的结果。

2009 年，Simaria 等[61]提出一种采用两队蚂蚁共同构造可行解的蚁群算法求解双边装配线第一类平衡问题，但仅仅考虑了区域约束条件中的相斥性约束，对比 Lee 的启发式算法，具有相对较优的求解效果。

2010 年，Hu 等[62]提出求解双边装配线平衡下最小化装配线长度的分支定界算法。Özcan 等[63]对随机型双边装配线平衡问题进行开创性研究，首次建立了随机型双边装配线平衡问题数学模型，并提出了分别用数学规划方法和模拟退火算法来求解此类问题。其中，模拟退火算法采用基于任务选择权值的交换策略来产生领域解。通过算例对比，表明模拟退火算法具有更优的求解性能。同年，Özbakir 和 Tapkan[64]首次采用蜜蜂搜索算法来求解多目标双边装配线平衡问题，通过多组算例实验，证明其具有较好的求解效果。

2011 年，胡小锋等[65]提出求解多目标双边装配线平衡问题的方法，确保装配线在不确定环境下高效、可靠地运行。同年，宋林等[66]在给定节拍的时间求最小化的装配线长度，以及给定装配线长度求最小节拍这两种问题中提出并应用了一种蚁群算法，很好地实现了双边装配线的平衡。

2012 年，胡小锋等[67]针对双边装配线平衡精确求解算法和启发式方法的不足，以某装载机的装配线为研究对象，分析了其装配先序关系约束，提出了分解策略，将较大规模问题分解为具有先序约束和兼容关系的小规模子问题，并估算由分解产生的误差：然后利用分支定界精确求解算法求得小规模子问题的精确解，经组合、调整得到原问题的解，并将最大可能误差控制在 1 个位置。经分析和验证，基于分解策略的装配线平衡方法能解决较大规模的某装载机装配线平衡问题，并有效控制解的误差，为规划高效率的装配线提供了保证。

2013 年，宋林等[66]针对带区域约束的双边装配线平衡第一类问题建立了数学模型，并提出求解该问题的一种改进蚁群算法，该算法针对双边装配线问题的特点建立构造解方式，综合采用禁忌集合、优先集合与蚁群搜索规则相结合的方法构造出满足区域约束条件的可行解，并采用改进的蚁群综合搜索规则搜寻任务。最后，经大量算例测试对比，验证了所提算法的有效性。

1.4 本书的主要内容

装配线是大规模流水生产最常见的一种方式，常用于汽车、家电等大型产品的大批量生产。在组织生产之前，需要对装配线进行规划和设计。装配线平衡是装配线规划设计最重要的内容之一，它是组织连续流水生产的必要条件，也是缓解瓶颈、缩减空闲时间、改善劳动生产率和缩短产品生产周期等的重要方法。

双边装配线一般常用于像汽车、装载机等大型产品的装配。对于这些产品而言，它们都拥有较大的装配作业空间，可供工人们在装配体的左右两边并行、独立地进行装配作业。在这些领域，双边装配线拥有一些单边装配线不具备的优点，如缩短装配线长度，减少装配线的产出时间，降低工具和夹具的成本，以及减少物料搬运和工人移动。

单边装配线平衡问题本身就属于 NP 难类组合优化问题，双边装配线是单边装配线一般化，而单边装配线是双边装配线的一种特例，因此，双边装配线平衡问题也属于 NP 难类组合优化问题。并且由于装配形式的变化，在双边装配线中任务的安排还要满足自身特有的一些约束条件，与单边装配线平衡相比，双边装配线平衡要更加复杂。所以，本书系统地研究了双边装配线平衡问题的启发式规则、遗传算法、分支定界等求解算法，并成功地应用于工程实际中。本书内容安排如下：

第 1 章 绪论。讨论了装配线在产品大批量生产中的地位和特点，介绍了装配线平衡问题的研究方法，以及各种平衡算法，突出双边装配线的特点，以及双边装配线平衡问题的复杂性，并综述了双边装配线平衡算法的发展过程。

第 2 章 双边装配线平衡的启发式规则。将应用于单边装配线求解的 ranking positional weight、Kilbirdge and Wester heuristic、IUFF，以及 Hoffmann 算法修改后，用于求解双边装配线平衡问题，并通过目前公开发表的 P16、P65、P148 和 P205 问题的求解，并对比分析不同算法的求解结果。

第 3 章 双边装配线平衡的遗传算法。首先研究、分析现有遗传算法在双边装配线平衡应用中的不足。然后，根据双边装配线平衡的特点，提出一种新的、基于"序列组合"编码方法的遗传算法，用来解决大规模双边装配线平衡问题。并通过对目前公开发表的 P9、P12、P16、P24、P65、P148 和 P205 问题的求解，来验证基于序列组合编码的遗传算法的性能。

　　第 4 章 双边装配线平衡的分支定界算法。由于双边装配线平衡的复杂性，目前的数学规划软件只能处理很小规模的平衡问题，不具有实际应用价值。因此，必须研究更加有效的、快速实现双边装配线平衡的精确求解算法。故根据双边装配线平衡的特点，提出两种精确求解算法（基于任务枚举和基于工位枚举的分支定界算法），用来最优化双边装配线的平衡。

　　第 5 章 基于分解策略的双边装配线平衡算法。精确求解算法虽能求得精确解，由于计算量庞大，难以解决生产实际中较大规模问题。启发式方法能解决较大规模的问题，广泛应用于实际生产中的装配线规划。但是，它无法求得精确解，且难以估算误差，即解的质量无法保证。针对其存在的不足，在上述分支定界算法的研究基础上，提出基于分解策略的双边装配线平衡方法。通过装配任务先序约束关系的分析，制定分解策略，将原问题分解为小规模的子问题，利用分支定界算法求得子问题的精确解，经组合、调整得到原问题的解，并估算最大可能误差。并对某发动机案例以及 A65 基准问题为例对其进行测试。结果表明子解经过调整之后合并可以得到最终解，并且与原问题的解相比只有很小的误差，该算法能有效解决较大规模的双边装配线平衡问题。

　　第 6 章 基于仿真的双边装配线平衡方法研究。目前双边装配线的研究主要集中在利用精确算法和启发式方法求解双边装配线平衡。但是这些研究往往并没有考虑到在实际生产过程中工人疲劳程度和技术能力的不同、装配工具性能的差异，以及装配作业时间不确定等随机波动的影响，因此规划、建造的装配线往往在实际运行时产能难以达到设计的指标。本章基于仿真的方法，以某装载机双边装配线为研究对象，针对四条应用于实际生产中的装配线，考虑工序时间的随机波动，在 Plant Simulation 中建模离散系统仿真模型，给出了装配线系统产出、生产节拍和工序时间随机波动之间的关系，并以系统产出为目标，获得装配线不同波动情况下的最优生产节拍。该方法可以有效优化装配线实际生产节拍，提高装配线系统效率。面向产量波动的发动机双边装配线再平衡问题，进行了装配线产量波动分析与改进，以某型号发动机双边异步装配线为例，提出基于工序的启发式规则并以此来调整瓶颈工位周围任务的分配，然后在调整任务的基础上合理添加一定数量的缓冲，并通过模拟仿真得出任务调整和缓冲分配对异步双边装配线产量及其波动的影响。

参 考 文 献

[1] 吴尔飞. 双边装配线平衡技术的研究. 上海交通大学博士论文，2009.

[2] 潘家轺. 现代生产管理学. 北京：清华大学出版社，1994.

[3] Chase R B. Survey of paced assembly lines. Industrial Engineering，1974，6（2）：14-18.

[4] Becker C，Scholl A. A survey on problems and methods in generalized assembly line

balancing. European journal of operational research, 2006, 168 (3): 694-715.

[5] Scholl A, Becker C. State-of-the-art exact and heuristic solution procedures for simple assembly line balancing. European Journal of Operational Research, 2006, 168 (3): 666-693.

[6] Rekiek B, Delchambre A, Dolgui A, et al. Assembly line design: a survey. IFAC 15th Triennial World Congress, Barcelona, Spain, 2002.

[7] Scholl A. Balancing and sequencing of assembly lines. Darmstadt Technical University, Department of Business Administration, Economics and Law, Institute for Business Studies (BWL), 1999.

[8] Miltenburg J. Balancing U-lines in a multiple U-line facility. European Journal of Operational Research, 1998, 109 (1): 1-23.

[9] Shewchuk J P. Worker allocation in lean U-shaped production lines. International Journal of Production Research, 2008, 46 (13): 3485-3502.

[10] Miltenburg J. U-shaped production lines: a review of theory and practice. International Journal of Production Economics, 2001, 70 (3): 201-214.

[11] Haq A N, Rengarajan K, Jayaprakash J. A hybrid genetic algorithm approach to mixed-model assembly line balancing. The International Journal of Advanced Manufacturing Technology, 2006, 28 (3-4): 337-341.

[12] Korkmazel T U G R, Meral S. Bicriteria sequencing methods for the mixed-model assembly line in just-in-time production systems. European Journal of Operational Research, 2001, 131 (1): 188-207.

[13] Rahimi-Vahed A, Mirzaei A H. A hybrid multi-objective shuffled frog-leaping algorithm for a mixed-model assembly line sequencing problem. Computers \ & Industrial Engineering, 2007, 53 (4): 642-666.

[14] Bukchin J, Dar-El E M, Rubinovitz J. Mixed model assembly line design in a make-to-order environment. Computers \ & Industrial Engineering, 2002, 41 (4): 405-421.

[15] Carraway R L. A dynamic programming approach to stochastic assembly line balancing. Management Science, 1989, 35 (4): 459-471.

[16] Mcmullen P R, Frazier G V. A heuristic for solving mixed-model line balancing problems with stochastic task durations and parallel stations. International Journal of Production Economics, 1997, 51 (3): 177-190.

[17] Suresh G, Sahu S. Stochastic assembly line balancing using simulated annealing. The International Journal of Production Research, 1994, 32 (8): 1801-1810.

[18] Bautista J, Su A Rez R U L, Mateo M, et al. Local search heuristics for the assembly line balancing problem with incompatibilities between tasks. In: Proceedings of the 2000 IEEE International Conference on Robotics and Automation, San Francisco, CA, 2000: 2404-2409.

[19] Pastor R, Corominas A. Assembly line balancing with incompatibilities and bounded

workstation loads. Ricerca Operativa，2001，30：23-45.

[20] Carnahan B J，Norman B A，Redfern M S. Incorporating physical demand criteria into assembly line balancing. Iie Transactions，2001，33（10）：875-887.

[21] Kim H，Park S. A strong cutting plane algorithm for the robotic assembly line balancing problem. International Journal of Production Research，1995，33（8）：2311-2323.

[22] Ghosh S，Gagnon R J. A comprehensive literature review and analysis of the design，balancing and scheduling of assembly systems. The International Journal of Production Research，1989，27（4）：637-670.

[23] Bartholdi J J. Balancing two-sided assembly lines：a case study. The International Journal of Production Research，1993，31（10）：2447-2461.

[24] Salveson M E. The assembly line balancing problem. Journal of Industrial Engineering，1955，6（3）：18-25.

[25] Schrage L，Baker K R. Dynamic programming solution of sequencing problems with precedence constraints. Operations research，1978，26（3）：444-449.

[26] Kao E P，Queyranne M. On dynamic programming methods for assembly line balancing. Operations Research，1982，30（2）：375-390.

[27] Jackson J R. A computing procedure for a line balancing problem. Management Science，1956，2（3）：261-271.

[28] Gutjahr A L，Nemhauser G L. An algorithm for the line balancing problem. Management Science，1964，11（2）：308-315.

[29] Easton F，Faaland B，Klastorn T D，et al. Improved network based algorithms for the assembly line balancing problem. The International Journal of Production Research，1989，27（11）：1901-1915.

[30] Pinto P，Dannenbring D G，Khumawala B M. A branch and bound algorithm for assembly line balancing with paralleling. The International Journal of Production Research，1975，13（2）：183-196.

[31] Johnson R V. Optimally balancing large assembly lines with "FABLE". Management Science，1988，34（2）：240-253.

[32] Hoffmann T R. Eereka：A hybrid system for assembly line balancing. Management Science，1992，38（1）：39-47.

[33] Scholl A，Klein R. Salome：A bidirectional branch-and-bound procedure for assembly line balancing. Informs Journal on Computing，1997，9（4）：319-334.

[34] Bock S，Busch H，Rosenberg O. To new parallel algorithms for solving the job shop problem. URL citeseer. ist. psu. edu/367284. html. 2013-8-12.

[35] Bock S，Rosenberg O. A new parallel breadth first tabu search technique for solving production planning problems. International Transactions in Operational Research，2000，7（6）：625-635.

[36] Helgeson W B，Birnie D P. Assembly line balancing using the ranked positional weight

technique. Journal of Industrial Engineering，1961，12（6）：394-398.

［37］ Talbot F B，Patterson J H. An integer programming algorithm with network cuts for solving the assembly line balancing problem. Management Science，1984，30（1）：85-99.

［38］ Moodie C L，Young H H. A heuristic method of assembly line balancing for assumptions of constant or variable work element times. Purdue University，1964.

［39］ Tonge F M. A heuristic program for assembly line balancing. The RAND Corporation，Sania Monica，Colifornia，1960.

［40］ Arcus A L. A computer method of sequencing operations for assembly lines. International Journal of Production Research，1965，4（4）：259-277.

［41］ Dar-El E M. Malb—a heuristic technique for balancing large single-model assembly lines. Aiie Transactions. 1973，5（4）：343-356.

［42］ Hoffmann T R. Assembly line balancing with a precedence matrix. Management Science，1963，9（4）：551-562.

［43］ Gehrlein W V，Patterson J H. Sequencing for assembly lines with integer task times. Management Science，1975，21（9）：1064-1070.

［44］ Gehrlein W V，Patterson J H. Balancing single model assembly lines：comments on a paper by EM Dar-El（Mansoor）. Aiie Transactions，1978，10（1）：109-112.

［45］ Anderson E J，Ferris M C. Genetic algorithms for combinatorial optimization：the assemble line balancing problem. Orsa Journal on Computing，1994，6（2）：161-173.

［46］ Leu Y Y，Matheson L A，Rees L P. Assembly line balancing using genetic algorithms with heuristic-generated initial populations and multiple evaluation criteria. Decision Sciences，1994，25（4）：581-605.

［47］ Sabuncuoglu I，Erel E，Tanyer M. Assembly line balancing using genetic algorithms. Journal of Intelligent Manufacturing，2000，11（3）：295-310.

［48］ Rekiek B，Delchambre A. Hybrid assembly line design. IEEE，2001.

［49］ Rekiek B，Dolgui A，Delchambre A，et al. State of art of optimization methods for assembly line design. Annual Reviews in Control，2002，26（2）：163-174.

［50］ Bartholdi J J. Balancing two-sided assembly lines：a case study. The International Journal of Production Research，1993，31（10）：2447-2461.

［51］ Kim Y K，Kim Y，Kim Y J. Two-sided assembly line balancing：a genetic algorithm approach. Production Planning & Control，2000，11（1）：44-53.

［52］ Lee T O，Kim Y，Kim Y K. Two-sided assembly line balancing to maximize work relatedness and slackness. Computers & Industrial Engineering，2001，40（3）：273-292.

［53］ Agrawal P K. The related activity concept in assembly line balancing. International Journal of Production Research，1985，23（2）：403-421.

［54］ Becker C，Scholl A. A survey on problems and methods in generalized assembly line balancing. European journal of operational research，2006，168（3）：694-715.

［55］ 吴尔飞，金烨，续爱民，等. 基于改进遗传算法的双边装配线平衡. 计算机集成制造系

统，2007，13（2）：268-274.

[56] 吴尔飞，金烨，沈健，等．双边装配线平衡的启发式算法．上海交通大学学报，2007，41（9）：1484-1487.

[57] Wu E F，Jin Y，Bao J，et al. A branch-and-bound algorithm for two-sided assembly line balancing. The International Journal of Advanced Manufacturing Technology，2008，39（9-10）：1009-1015.

[58] Hu X F，Wu E F，Jin Y. A station-oriented enumerative algorithm for two-sided assembly line balancing. European Journal of Operational Research，2008，186（1）：435-440.

[59] Baykasoglu A，Dereli T. Two-sided assembly line balancing using an ant-colony-based heuristic. The International Journal of Advanced Manufacturing Technology，2008，36（5-6）：582-588.

[60] 侯东亮．工作研究在双边装配线平衡中的应用．工业工程与管理，2008，13（3）：121-124.

[61] Simaria A S，Vilarinho P M. 2-Antbal：an ant colony optimisation algorithm for balancing two-sided assembly lines. Computers & Industrial Engineering，2009，56（2）：489-506.

[62] Hu X F，Erfei W，Bao J S，et al. A branch-and-bound algorithm to minimize the line length of a two-sided assembly line. European Journal of Operational Research，2010，206（3）：703-707.

[63] Özcan U. Balancing stochastic two-sided assembly lines：a chance-constrained，piecewise-linear，mixed integer program and a simulated annealing algorithm. European Journal of Operational Research，2010，205（1）：81-97.

[64] Özbakır L，Tapkan P. Balancing fuzzy multi-objective two-sided assembly lines via Bees Algorithm. Journal of Intelligent and Fuzzy Systems，2010，21（5）：317-329.

[65] Hu X F. Heuristic algorithm for two-sided assembly line balancing problem with multi-objectives. IEEE，2011.

[66] 宋林，张则强，程文明，等．随机型双边装配线平衡问题的一种启发式算法．工业工程，2011，14（4）：129-134.

[67] 胡小锋，闫杉，金烨．基于分解策略的装载机装配线平衡研究．中国科技论文，2012，7（8）：607-611.

第2章 双边装配线平衡的启发式规则

启发式算法是基于尝试和逻辑，而非数学证明的算法设计。因此，无法保证每一个算法在每一种情况下都可以得到较优解或最优解，但是在运算过程中启发式算法会向真实情况下最优解逼近，从而得到较优解。

双边装配线与单边装配线相比，在保持原有节拍约束和先序约束的基础上，加入了方位约束，使装配任务的分配复杂化。同时，左右两边装配线的协同工作，也在装配线任务的分配过程中引入了等待时间，导致了每个工位上的节拍时间不能被所分任务充分利用，而任意两个任务或多个任务顺序的更改，更会使整个装配线的长度发生重大变化。因此，不同平衡解的质量和分配情况有很大不同。

本章将应用于单边装配线求解的 Ranking Positional Weight、Kilbirdge and Wester heuristic、IUFF，以及 Hoffmann 算法修改后求解双边装配线平衡问题，并通过目前公开发表的 P16、P65、P148 和 P205 问题的求解，对比分析不同算法的求解结果。

2.1 双边装配线平衡模型

本章所研究的启发式规则主要用于解决第一类装配线平衡问题，即给定节拍时间，将装配任务集中的所有任务，在满足节拍约束、先序约束、操作方位约束的前提下，分配到各个工位上，实现最短的装配长度（装配时间最短），具体数学模型表示如下：

$$\min: \mathrm{TI} = 2 \times N \times \mathrm{CT} \tag{2.1}$$

$$N = \left[\frac{m+1}{2}\right] \tag{2.2}$$

$$\sum_{k \in TS_j} (t_k + t_{\mathrm{idle},\,k}) \leqslant \mathrm{CT}, \ \forall j \in S \tag{2.3}$$

$$\left[\frac{x_u}{2}\right] \geqslant \left[\frac{x_v}{2}\right], \ \forall v \in T_{p,\,u}, \ u \in T \tag{2.4}$$

$$x_i \bmod 2 = 0, \ \forall i \in T_{\mathrm{L}} \tag{2.5}$$

$$x_i \bmod 2 = 1, \ \forall i \in T_{\mathrm{R}} \tag{2.6}$$

$$x_i > 0 \text{ 且 } x_i \text{ 为整数}, \ x_i \in S, \ \forall i \in T \tag{2.7}$$

式中，TI 为装配线长度，即总装配时间长度；CT 为所设置的节拍时间；N 为装配线位置数量；m 为装配线工位数量；n 为任务数量；T 为任务集，包含有所设计装配线的所有任务，$T = \{T_i \mid i = 1, 2, 3, 4, \cdots, n\}$，$T_i = \{t_i, s_i\}$，$t_i$、$s_i$ 分别为 i 的操作时间（operation time）和操作方位（operation side），其中 $s_i \in \{L, R, E\}$ 分别为安排任务在装配线的左边、右边以及左右两边都可以；$t_{s,i}$ 为任务 i 在工位 s 上最早可以开始的时间；$t_{\text{idle}, i}$ 为任务 i 开始以前由于先序约束导致的等待时间；$T_{P,i}$ 为任务 i 的前序任务集；S 为工位集合，$S_i = \{j \mid 1, 2, 3, \cdots, m\}$；$T_{s_t, j}$ 为工位 j 上所分配的任务集；x_i 为任务 i 所分配到的工位对应编号。

式（2.1）表示目标函数，是指装配线长度最短；式（2.2）表示位置数量 N 和工位数量 m 的关系；式（2.3）表示节拍约束；式（2.4）表示先序约束；式（2.5）、式（2.6）表示操作方位约束；式（2.7）表示任务必须分配且只能分配到一个工位上进行操作。

在对 Ranking Positional Weight、Kilbirdge and Wester heuristic、IUFF 和 Hoffmann 算法的介绍过程中，使用的符号具体代指含义如表 2.1 所示。

表 2.1　算法符号使用表

符号	对应含义
CT	设置的节拍时间
Task	任务变量
i	任务编号，初始化为 1
ProcTime	装配时间
Side	任务的左右工位，1 代表左边，2 代表右边
numP	没有被分配的紧邻先序数量
NP	任务的紧邻先序任务数量
NS	任务的紧邻后序任务数量
EST	紧邻先序装配任务完成的时间，初始化为 0
TAS	所有后序任务时间总和
TAP	所有先序任务时间总和
NAS	所有后序数量
NAP	所有先序数量
RPW	位置权重
Station（）	装配位置变量
j	装配位置编号，初始化为 1

符号	对应含义
side	装配位置中的左右工位，1 为左边，2 为右边
AssTask（）	装配任务集合，初始化为空集
AvailableTime	Station 最早可分配任务的时间，初始化为 0
S	先序任务已分配的任务的集合

2.2　基于有阶位置权重的启发式算法

2.2.1　单边装配线的有阶位置权重算法

Helgson 和 Birnie（1961）提出了求解单边装配线平衡的有阶位置法（ranked positional weight，RPW)[1]。在设计过程中，按照任务执行路径将任务安排的次序进行了量化排序，实现了以最长路径值规则的计算机程序。其执行过程具体如下：

步骤 1：建立整个任务的装配优先顺序图。

步骤 2：以需要计算权值的任务为根节点，向后寻找最长的时间路径（即从根节点往下走到某叶节点，将路径中所有节点任务的时间相加后，所得到的时间总和最大值）。

步骤 3：根据任务所计算出的位权值进行排序，具有较大位权值的任务优先排列。

步骤 4：将所有任务在不同的工位中进行分配，其中具有较大位权值的任务优先安排到当前分配的工位。

步骤 5：如果工位中仍然有剩余时间，则在满足先序约束和节拍约束的基础上，将下一个位权值排序放入该工位中。

步骤 6：重复操作步骤 4 和步骤 5 直到所有的任务都安排到装配线的工位中。

2.2.2　双边装配线的有阶位置权重算法

基于单边装配线平衡的有阶位置权重法，改进以获得求解双边装配线平衡问题的有阶位置权重算法。在算法中，每个任务变量具有装配时间、装配方位、装配先序数量；相同的，每个工位具有所分配任务集、任务开始时间，以及工位可分任务开始时间。

双边装配线的有阶位置权重算法具体分配步骤如下：

步骤 1：初始化：开启新位置并令其左右两边的工位的最早可分配任务时间为 0。

步骤 2：根据先序约束选择得到无先序任务或先序任务已分配的任务集合 S。

步骤 3：对比左右两边工位，得到可最早开始作业的工位 Station（j）.side，按照以下规则进行比较：① 选择 AvailableTime 小的边；② 若两边 AvailableTime 相等，则选择左边，即 Side＝1 开始分配。

步骤 4：针对步骤 3 得到的工位，统计该工位得到可以分配的集合 Station（j）.AssTask，集合统计原则如下：①选择当前任务的任务实时先序任务数量为 0，即 Task（i）.numP＝0；②选择紧邻先序任务完成时间小于该工位可分配任务的最早时间，即 Task（i）.EST ＜ Station（j）.AvailableTime；③选择工位可分任务最早时间与所分配的任务的装配时间之和不超过节拍时间的任务，即 Station（j）.AvailableTime ＋Task（i）.ProcTime≤CT；④选择任务作业方位与工位边相同的任务，即 Task（i）.Side＝Station（j）.side。所统计得到的集合中每个任务，都需要满足以上 4 个条件。

步骤 5：判断以上得到的集合是否为空集，如果不为空集，接着执行以下步骤 6 的内容；如果为空集，则进行以下判断：①判断 S 是否为空集，如果 S 为空，则结束运算，装配线设计完毕；如果 S 不空，则进行之后的判断；②对比该工位最早可分配任务时间与其伴随工位的最早可分配时间，如果该工位最早可分配任务时间小于其伴随工位的最早可分配时间，则将该工位最早可分配任务时间与调整为其伴随工位的最早可分配时间，并跳转到步骤 4 进行操作；否则进行下一步判断；③判断该工位两边是否均扫描过，如果只扫描过一边，则接着扫描另一边，并跳转到步骤 4 进行操作；如果均扫描过，则开启新的工位，并跳转到步骤 3 进行操作。

步骤 6：基于 RPW 对 Station（j）.AssTask 任务集中的任务进行排序，取 RPW 值最大的任务放入 Station（j）中；若 RPW 值相同，则取任务编号小的任务进行分配。

步骤 7：更新所有未分配任务的紧邻先序数量 numP、紧邻先序装配任务完成的时间 EST，以及工位 Station（j）的可分配任务的最早时间 AvailableTime。跳转到步骤 2 继续操作。

算法流程如图 2.1 所示，利用该算法求解 P16 问题，取节拍时间 CT＝18s，求解结果如图 2.2 所示。

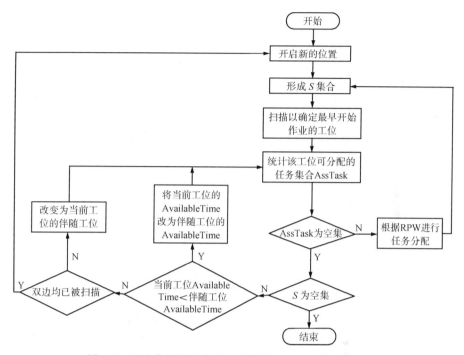

图 2.1　双边装配线的位置权重排序（RPW）算法流程图

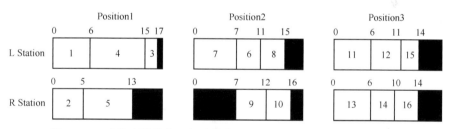

图 2.2　双边装配线的位置权重排序（RPW）算法求解 P16 问题的解

2.3　基于先序任务数量的启发式算法

2.3.1　Kilbirdge and Wester Heuristic

Kilbridge 和 Wester（1961）在 *A heuristic method of assembly line balancing* 一文中提出基于先序任务数量的启发式算法[2]。根据不同任务所具有的先序任务数量作为衡量标准进行排序，先序任务数量越少的优先分配到工位上，以下步骤则是 Kilbridge 等提出的算法流程：

步骤 1：建立整个任务的装配优先顺序图。在优先顺序图中，第一列为所有先序任务数量为 0 的任务，第二列为必须跟随第一列任务的任务，随后的几列以同样的方式排列；每一列之间的顺序安排均须满足时序关系。

步骤 2：设置节拍时间 CT。

步骤 3：将任务安排到不同工位上，同时保证分配到同一工位上的任务时间和不超过节拍时间。

步骤 4：将已经分配的任务从待分任务集合中删除，同时重复步骤 3 的操作。

步骤 5：当由于在同一工位添加新的任务导致工位时间总和超过节拍时间，则需要开启新的工位，并将超时的任务添加在新的工位上。

步骤 6：重复步骤 3～步骤 5 直到所有的任务均得到分配。

2.3.2　基于先序任务数量最少优先的算法

基于先序任务数量的单边装配线平衡问题算法的提出，给新的启发式算法予以启发。当任务先序任务数量为 0，则第一个分配到装配工位；而最后一个任务，往往是先序任务数量最多的；在中间的任务，其先序任务数量则介于第一个任务和最后一个任务之间。因此，可以推断，在进行装配线任务分配时，先序任务数量可以作为一个指标对任务进行排序，同时任务分配的优先级与其先序任务数量成反比，即任务先序任务数量越少，则任务越优先排序。但由于双边装配线受到装配方位的约束，装配线设计过程更加复杂。

双边装配线基于先序任务数量算法具体分配步骤如下：

步骤 1：初始化，开启新位置并令其左右两边的工位的最早可分配任务时间为 0。

步骤 2：根据先序约束选择得到无先序任务或先序任务已分配的任务集合 S。

步骤 3：对比左右两边工位，得到可最早开始作业的工位 Station (j).side，按照以下规则进行比较：① 选择 AvailableTime 小的边；② 若两边 AvailableTime 相等，则选择左边，即 Side$=1$ 开始分配。

步骤 4：针对步骤 3 得到的工位，统计该工位得到可以分配的集合 Station (j).AssTask，集合统计原则如下：①选择当前任务的任务实时先序任务数量为 0，即 Task (i).numP$=0$；②选择紧邻先序任务完成时间小于该工位可分配任务的最早时间，即 Task (i).EST $<$ Station (j).AvailableTime；③选择工位可分配任务最早时间与所分配的任务的装配时间之和不超过节拍时间的任务，即 Station (j).AvailableTime $+$ Task (i).ProcTime$\leqslant$CT；④选择任务作业方位与工位边相同的任务，即 Task (i).Side$=$Station (j).side。

所统计得到的集合中每个任务，都需要满足以上 4 个步骤。

步骤 5：判断以上得到的集合是否为空集，如果不为空集，接着执行以下步骤 6 的内容；如果为空集，则进行以下判断：①判断 S 是否为空集，如果 S 为空，则结束运算，装配线设计完毕；如果 S 不空，则进行之后的判断；②对比该工位最早可分配任务时间与其伴随工位的最早可分配时间，如果该工位最早可分配任务时间小于其伴随工位的最早可分配时间，则将该工位最早可分配任务时间调整为其伴随工位的最早可分配时间，并跳转到步骤 4 进行操作；否则进行下一步判断；③判断该工位两边是否均扫描过，如果只扫描过一边，则接着扫描另一边，并跳转到步骤 4 进行操作；如果均扫描过，则开启新的工位，并跳转到步骤 3 进行操作。

步骤 6：基于先序任务数量对 Station（j）. AssTask 任务集中的任务进行排序，取先序任务数量最小的任务放入 Station（j）中；若 NAP 值相同，则取任务编号小的任务进行分配。

步骤 7：更新所有未分配任务的紧邻先序数量 numP、紧邻先序装配任务完成的时间 EST，以及工位 Station（j）的可分配任务的最早时 AvailableTime。跳转到步骤 2 继续操作。

算法流程图，如图 2.3 所示，利用该算法求解 P16 问题，取节拍时间 CT＝18s，求解结果如图 2.4 所示。

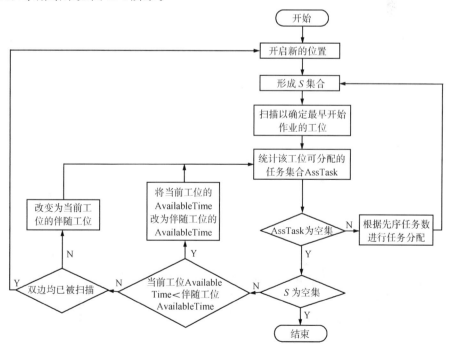

图 2.3 双边装配线基于先序任务数量算法流程图

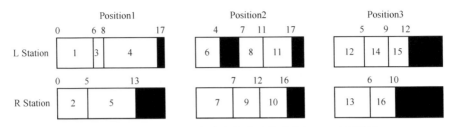

图 2.4　双边装配线基于先序任务数量算法求解 P16 问题的解

2.4　快速更新最优分配启发式算法

2.4.1　Immediate Update First-Fit（IUFF）

Hackman 等（1989）在文章 *Fast, effective algorithms for simple assembly line balancing problems* 提出的快速更新最优分配算法[3]。算法主要依靠以不同任务的具体属性为指标，将任务的分配优先权进行排序，在满足节拍约束和先序约束的基础上对任务进行分配。算法具体提出了 7 项指标，如表 2.2 所示。

表 2.2　优先序权重指标表

编号（n）	名称	描述	表达式/IUFF
1	位置权重	任务以及其所有后续任务的作业时间总和	$\sum\limits_{j \in AS_i} t_j$
2	反向位置权重	任务以及其所有先序任务的作业时间总和	$\sum\limits_{j \in AP_i} t_j$
3	后续任务数量	所有后续任务的数量	NAS
4	紧邻后续任务数量	所有紧邻后续任务的数量	NS
5	先序任务数量	所有先序任务的数量	NAP
6	作业时间	任务的作业时间	t_i
7	反向回溯位置权重	所有以待分配任务为根节点的最长时间路径值	RPW

这里使用标志 IUFF 表示不同的指标，具体用 $n=1, 2, \cdots, 7$ 表示对应标号从 1～7 的指标值，因此得到 7 种算法。具体算法步骤如下：

步骤 1：使用 $n(x)$，计算所有任务的各项指标；

IUFF 为衡量任务排序优先权重的指标：

$$\text{IUFF} = \begin{cases} \text{TAS}, & n=1 \\ \text{TAP}, & n=2 \\ \text{NAS}, & n=3 \\ \text{NS}, & n=4 \\ \text{NAP}, & n=5 \\ \text{ProcTime}, & n=6 \\ \text{RPW}, & n=7 \end{cases}$$

步骤 2：IUFF 对应值越大，则优先分配的权重越大，则越优先得到分配；

步骤 3：更新可分配任务集合（即所有先序任务已经分配的任务）；

步骤 4：在可分配任务集合中，将任务按照指标从高到低排序，指标越高则优先分配，同时满足节拍约束和先序约束。

2.4.2　双边装配线快速更新分配启发式算法

总结前两种算法可以总结得出，通过将整个算法流程模式化，仅改变任务分配优先权衡量指标来设计算法，并对比不同指标得到较优解或最优解。因此，沿用前两节的算法流程，结合上述七个指标，具体如下：

步骤 1：选择指标 IUFF，令 $n=k$，$k=1，2，3，4，5，6，7$。

步骤 2：初始化，开启新位置并令其左右两边的工位的最早可分配任务时间为 0。

步骤 3：根据先序约束选择得到无先序任务或先序任务已分配的任务集合 S。

步骤 4：对比左右两边工位，得到可最早开始作业的工位 Station (j) . side，按照以下规则进行比较：① 选择 AvailableTime 小的边；② 若两边 AvailableTime 相等，则选择左边，即 Side$=1$ 开始分配。

步骤 5：针对步骤 4 得到的工位，统计该工位得到可以分配的集合 Station (j) . AssTask，集合统计原则如下。①选择当前任务的实时先序任务数量为 0，即 Task (i) . numP$=0$；②选择紧邻先序任务完成时间小于该工位可分配任务的最早时间，即 Task (i) . EST $<$ Station (j) . AvailableTime；③选择工位可分配任务最早时间与所分配的任务的装配时间之和不超过节拍时间的任务，即 Station (j) . AvailableTime $+$ Task (i) . ProcTime$\leqslant$CT；④选择任务作业方位与工位边相同的任务，即 Task (i) . Side$=$Station (j) . side。

所统计得到的集合中每个任务，都需要满足以上 4 个原则。

步骤 6：判断以上得到的集合是否为空集，如果不为空集，接着执行步骤 7 的内容；如果为空集，则进行以下判断。①判断 S 是否为空集，如果 S 为空，则结束运算，装配线设计完毕；如果 S 不空，则进行之后的判断；②对比该工位最早可分配任务时间与其伴随工位的最早可分配时间，如果该工位最早可分配任务时间小于其伴随工位的最早可分配时间，则将该工位最早可分配任务时间调整为其伴随工位的最早可分配时间，并跳转到步骤 5 进行操作；否则进行下一步判断；③判断该工位两边是否均扫描过，如果只扫描过一边，则接着扫描另一边，并跳转到步骤 5 进行操作；如果均扫描过，则开启新的工位，并跳转到步骤 4 进行操作。

步骤 7：根据 IUFF 对 Station（j）.AssTask 任务集中地进行排序，取 IUFF 最大的任务放入 Station（j）中；若 IUFF 值相同，则取任务编号较大的任务进行分配。

步骤 8：更新所有未分配任务的紧邻先序数量 numP、紧邻先序装配任务完成的时间 EST，以及工位 Station（j）的可分配任务的最早时间 AvailableTime。跳转到步骤 2 继续操作。

运算流程如图 2.5 所示，利用该算法求解 P16 问题，取节拍时间 CT=18s，求解结果如图 2.6～图 2.12 所示。

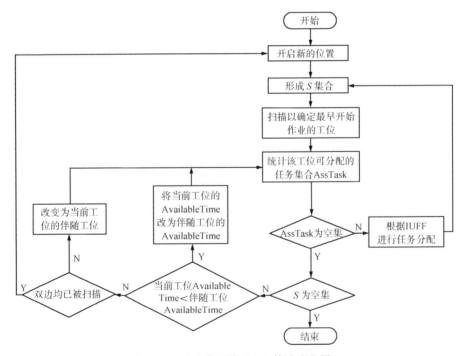

图 2.5　双边装配线 IUFF 算法流程图

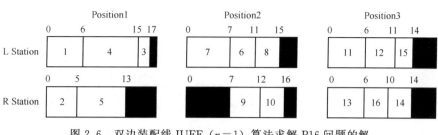

图 2.6　双边装配线 IUFF（$n=1$）算法求解 P16 问题的解

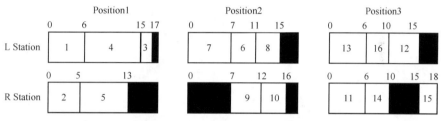

图 2.7　双边装配线 IUFF（$n=2$）算法求解 P16 问题的解

图 2.8　双边装配线 IUFF（$n=3$）算法求解 P16 问题的解

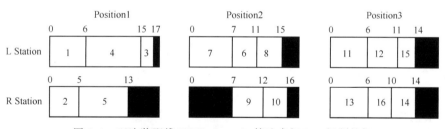

图 2.9　双边装配线 IUFF（$n=4$）算法求解 P16 问题的解

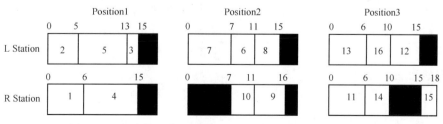

图 2.10　双边装配线 IUFF（$n=5$）算法求解 P16 问题的解

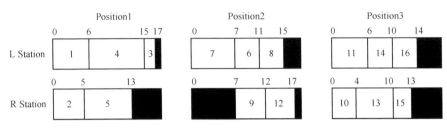

图 2.11　双边装配线 IUFF（$n=6$）算法求解 P16 问题的解

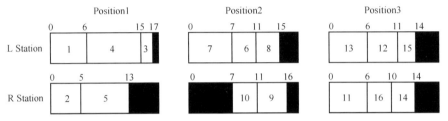

图 2.12　双边装配线 IUFF（$n=7$）算法求解 P16 问题的解

2.5　Hoffmann 算法

2.5.1　单边装配线 Hoffmann 算法

Hoffmann 提出使用先序矩阵的方法解决单边装配线平衡问题，其设计主要的思路如下：

从第一个工位开始，通过完全枚举获得一个满足先序约束和节拍约束的任务集合，保证任务集合中的任务组合可以使等待时间最小；同样分配任务到第二个工位时，更新任务集合，在满足先序约束和节拍约束的基础上实现等待时间最短。对于其他的工位，分配任务集以相同的方式按照工位编号顺序进行分配，直到所有的任务均得到分配。

Hoffmann 使用了一种 0-1 先序矩阵和向量来实现枚举过程。0-1 矩阵为一个仅包含 0 和 1 元素的方阵，方阵的行和列按照相同的顺序标有连续的任务编号。

如果 i 任务的紧邻后序任务集中包含任务 j，则 0-1 方阵中对应 i 行 j 列元素为 1；若 i 任务中的紧邻后序任务集合中不包含任务 j，则 0-1 方阵对应 i 行 j 列元素为 0。

0-1 矩阵式是用于排列组合产生可行解。将 0-1 矩阵每一列的元素相加，可以生成一行置于矩阵底部的行向量，行向量中的每一列均为上述列元素相加所得到的和。新生成的行称为"平衡数"。接着，令所形成的新矩阵的对角线上为一

个随机数 D。

第一个平衡数，K_i 中，有 a 个整数元素（a 同时也是需要平衡的任务数量），其中至少有一个为 0；则 K_i 中 0 元素对应的列所对应的任务为第一个工位的候选分配任务，所有将分配到第一个工位的任务均从那些任务中选取。根据紧邻先序定义可知，K_i 中非零列对应元素为紧邻先序非零的任务，而非零整数则对应这些任务的紧邻先序任务数量。则按经验分配，紧邻先序任务数量为 0 的任务则为待分配任务。

按照工位生成可行的任务组合并平衡装配线的具体步骤如下：

步骤 1：在平衡数中，从左向右搜索为 0 的元素。

步骤 2：选择平衡数中第一个为 0 元素对应列的任务。

步骤 3：将所选择任务放入当下工位，同时从剩余节拍时间中减去从步骤 2 中选择任务执行时间。

步骤 4：对由步骤 3 得到的差值进行判断。

如果结果为正，则转向步骤 5；如果结果为负，则转向步骤 6。

步骤 5：从平衡数矩阵中抽掉步骤 2 中得到任务对应的行，剩余行所形成的矩阵形成新的平衡数。

步骤 6：返回到步骤 1，重修搜索，得到的新的任务放置于之前搜索得到任务的右边。重复步骤 1～步骤 6 直到所有任务均得到检查，然后跳转到步骤 7。

步骤 7：将剩余的节拍时间从之前所产生的任务组合的剩余时间中减去。

步骤 8：对步骤 7 得到的差值进行判断。

如果差为 0 或负数，则跳转至步骤 9；

如果为正数，则刚刚所产生的任务集合成为了当下工位的作业任务集合，跳至步骤 10。

步骤 9：返回至上一个平衡数，跳转到步骤 1，从所扫描的任务的右边任务开始重新扫描选择。重复这一过程，直到第一个平衡数的最后一列也被扫描完毕。最后的扫描结果即步骤 8 所得到的最后一组任务组合，是对于该工位任务作业时间最大的任务组合。

步骤 10：开启一个新工位，为防止运算进入死循环，该工位上的第一个平衡数用上一工位中的最后一个平衡代替。重复之前所有的步骤，直到所有的任务均得到分配。

2.5.2　双边装配线平衡问题 Hoffmann 启发式算法

Hoffmann 启发式算法，利用递归遍历所有双边装配线的平衡解，以当前位置（左右配对工位）上任务分配的空闲时间最少为依据，选择得到最终的解。在处理最后一对伴随工位时，由于待分任务数量优先，导致最后一对伴随工位的节拍时间无法充分利用，无法确保所得解的装配线平滑度最小。

步骤 1：计算平均节拍时间，预估探索的分支数目。

步骤 2：初始化，开启新位置并令其左右两边工位的最早可分配任务时间为 0。

步骤 3：根据先序约束选择得到无先序任务或先序任务已分配的任务集合 S。

步骤 4：对比左右两边工位，得到可最早开始作业的工位 Station（j）.side，按照以下规则进行比较：① 选择 AvailableTime 小的边；② 若两边 AvailableTime 相等，则选择左边，即 Side=1 开始分配。

步骤 5：针对步骤 4 得到的工位，统计该工位得到可以分配的集合 Station（j）.AssTask，集合统计原则如下：①选择当前任务的任务实时先序任务数量为 0，即 Task（i）.numP=0；②选择紧邻先序任务完成时间小于该工位可分配任务的最早时间，即 Task（i）.EST ＜ Station（j）.AvailableTime；③选择工位可分配的任务最早时间与所分配的任务装配时间之和不超过节拍时间的任务，即 Station（j）.AvailableTime ＋Task（i）.ProcTime≤CT；④选择任务作业方位与工位边相同的任务，即 Task（i）.Side=Station（j）.side。

所统计得到的集合中每个任务，都需要满足以上 4 个条件。

步骤 6：判断以上得到的集合是否为空集，如果不为空集，接着执行以下步骤 7 的内容；如果为空集，则进行以下判断：①判断 S 是否为空集，如果 S 为空，则结束运算，装配线设计完毕；如果 S 不空，则进行之后的判断；②对比该工位最早可分配任务时间与其伴随工位的最早可分配时间，如果该工位最早可分配任务时间小于其伴随工位的最早可分配时间，则将该工位最早可分配任务时间调整为其伴随工位的最早可分配时间，并跳转到步骤 5 进行操作；否则进行下一步判断；③判断该工位两边是否均扫描过，如果只扫描过一边，则接着扫描另一边，并跳转到步骤 5 进行操作；如果均扫描过，则开启新的工位，并跳转到步骤 4 进行操作。

步骤 7：从 Station（j）.AssTask 任务集中随机选取一个任务进行任务分配。

步骤 8：更新所有未分配任务的紧邻先序数量 numP、紧邻先序装配任务完成的时间 EST，以及工位 Station（j）的可分配任务的最早时 AvailableTime。跳转到步骤 2 继续操作。

运算流程如图 2.13 所示，利用该算法求解 P16 问题，取节拍时间 CT=18s，求解结果如图 2.14 所示。

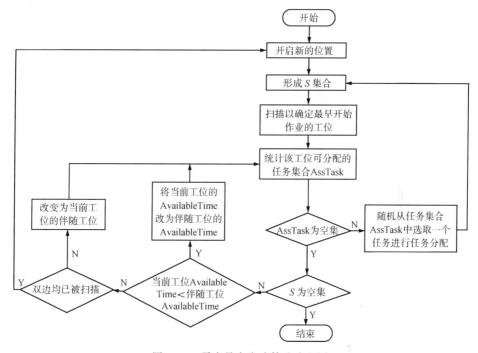

图 2.13　霍夫曼启发式算法流程图

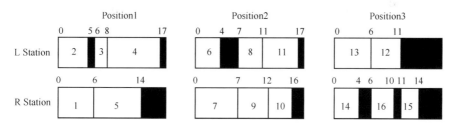

图 2.14　霍夫曼启发式算法求解 P16 问题的解

2.6　应用案例

　　针对第一类双边装配线启发式算法的实际运算，参考国际期刊论文中的标准案例，并进行运算。在算法验证和算法运算分析中，主要使用了四组标准案例，其中包括 P16、P65、P148 和 P205。

2.6.1　双边装配线的性能指标

　　衡量装配线平衡算法的性能指标主要包括装配线的长度（位置数量）、装配线的效率、平滑指数和算法执行时间等。

（1）装配线位置数量：为完成双边装配任务，实际所开始的装配线位置数量。开设较少位置的装配线意味着需要较少的员工数量，以及厂房占地需求，同时也间接地减小了工人的走动量，增加了生产效率。

（2）装配线的效率（line efficiency）：装配线效率等于所有装配任务的作业时间总和与装配位置数量和节拍时间乘积之比，即

$$LE = \frac{\sum_{i=1}^{n} t_i}{CT \times 2 \times K} \times 100\% \tag{2.8}$$

式中，K 为装配线装配位置数量；CT 为所设置的节拍时间；t_i 为第 i 个任务的作业时间。

（3）平滑指数（SI）：这个指标是用来衡量装配线的相对平滑度的。如果某条装配线平滑指数为 0，则该装配线为完美装配线。其表达式如下：

$$SI = \sqrt{\sum_{i=1}^{K} (ST_{max} - ST_i)^2} \tag{2.9}$$

式中，K 为总的工位数量；ST_i 为工位 i 上所有任务作业时间的总和；$ST_{max} = \max(ST_i)$，为所有工位中任务作业时间的最大值。

（4）算法执行时间（execution time）：这个指标常常为算法设计者所考虑，该指标表示运行算法得到装配线最终平衡解所需要的时间，该指标常常与算法的复杂程度及装配线任务规模相关。由于执行时间与计算机计算能力、算法设计情况有关，在接下来的算法比较中不予以考虑。

采用基于有阶位置权重的启发式算法计算双边装配线 P16、P65、P148，以及 P205 案例，结果如表 2.3 所示。

表 2.3　基于有阶位置权重的启发式算法结果

编号	节拍时间（CT）	位置数量（NM）	效率（LE）	平滑指数（SI）
P16	16	4	65.63	20.24846
	19	3	73.68	9.899495
	21	3	66.67	9.899495
	22	3	63.64	25.17936
P65	326	9	86.90	376.2034
	381	7	95.59	85.66796
	435	7	83.73	527.0228
	490	6	86.72	468.5072
	544	5	93.73	166.5923

续表

编号	节拍时间（CT）	位置数量（NM）	效率（LE）	平滑指数（SI）
P148	204	13	96.61	131.9697
	255	11	91.34	312.4708
	306	9	93.03	250.5634
	357	8	89.71	381.615
	408	7	89.71	409.4777
	459	6	93.03	271.0535
	510	6	83.73	692.3756
P205	1133	11	93.66	556.6193
	1322	10	88.29	1489.195
	1510	9	85.89	2123.063
	1699	8	85.88	1905.003
	1888	7	88.32	1629.406
	2077	6	93.66	837.1863
	2266	6	85.85	2267.056
	2454	5	95.13	475.9233
	2643	5	88.33	1651.711
	2832	5	82.43	2987.588

　　采用基于改进有阶位置权重的启发式算法计算双边装配线 P16、P65、P148，以及 P205 案例，结果如表 2.4 所示。

表 2.4　基于改进有阶位置权重的启发式算法结果

编号	节拍时间（CT）	位置数量（NM）	效率（LE）	平滑指数（SI）
P16	16	3	87.50	5.656854
	19	3	73.68	7.348469
	21	3	66.67	17.83255
	22	3	63.64	25.33772
P65	326	9	86.90	224.2788
	381	7	95.59	87.1493
	435	7	83.73	527.1765
	490	6	86.72	446.4964
	544	5	93.73	132.7893

编号	节拍时间（CT）	位置数量（NM）	效率（LE）	平滑指数（SI）
P148	204	13	96.61	140.9184
	255	11	91.34	309.0534
	306	9	93.03	241.1638
	357	8	89.71	383.2832
	408	7	89.71	400.2299
	459	6	93.03	277.4347
	510	6	83.73	691.8237
P205	1133	13	79.25	1980.915
	1322	10	88.29	1082.45
	1510	9	85.89	1261.308
	1699	9	76.34	2663.594
	1888	7	88.32	1478.316
	2077	6	93.66	636.1706
	2266	6	85.85	2025.311
	2454	6	79.28	3038.096
	2643	5	88.33	1752.901
	2832	5	82.43	2848.766

采用基于先序任务数量的启发式算法计算双边装配线 P16、P65、P148，以及 P205 案例，结果如表 2.5 所示。

表 2.5 基于先序任务数量的启发式算法结果

编号	节拍时间（CT）	位置数量（NM）	效率（LE）	平滑指数（SI）
P16	16	4	65.63	17.54993
	19	3	73.68	7.348469
	21	3	66.67	17.83255
	22	3	63.64	24.69818
P65	326	10	78.21	446.6442
	381	8	83.65	295.1999
	435	7	83.73	275.5703
	490	7	74.33	676.7695
	544	6	78.11	599.7041

续表

编号	节拍时间（CT）	位置数量（NM）	效率（LE）	平滑指数（SI）
P148	204	14	89.71	258.8243
	255	12	83.73	356.452
	306	10	83.73	448.3302
	357	8	89.71	255.2215
	408	7	89.71	321.5183
	459	6	93.03	222.5848
	510	6	83.73	585.8942
P205	1133	13	79.25	1870.317
	1322	11	80.27	1695.914
	1510	10	77.30	2247.288
	1699	9	76.34	1965.509
	1888	7	88.32	1258.843
	2077	7	80.28	2329.074
	2266	6	85.85	1672.629
	2454	6	79.28	2539.22
	2643	6	73.61	3850.973
	2832	5	82.43	1769.093

采用快速更新优先的启发式算法计算双边装配线 P16、P65、P148，以及 P205 案例，结果如表 2.6 所示。

表 2.6　快速更新优先的启发式算法结果

IUFF：$n=1$

编号	节拍时间（CT）	位置数量（NM）	效率（LE）	平滑指数（SI）
P16	16	4	65.63	20.24846
	19	3	73.68	9.899495
	21	3	66.67	9.899495
	22	3	63.64	25.17936
P65	326	9	86.90	365.0959
	381	8	83.65	537.4747
	435	7	83.73	563.1154
	490	6	86.72	511.1096
	544	5	93.73	180.9945

IUFF：$n=1$　　　　　　　　　　　　　　　　　　　　　续表

编号	节拍时间（CT）	位置数量（NM）	效率（LE）	平滑指数（SI）
P148	204	13	96.61	139.1258
	255	11	91.34	300.04
	306	9	93.03	258.4724
	357	8	89.71	409.9683
	408	7	89.71	386.8359
	459	6	93.03	275.5322
	510	6	83.73	683.7397
P205	1133	11	93.66	442.7223
	1322	10	88.29	1576.843
	1510	9	85.89	2083.453
	1699	8	85.88	1861.892
	1888	7	88.32	1636.15
	2077	6	93.66	736.3077
	2266	6	85.85	2291.033
	2454	5	95.13	636.0731
	2643	5	88.33	1664.395
	2832	5	82.43	2921.401

IUFF：$n=2$

编号	节拍时间（CT）	位置数量（NM）	效率（LE）	平滑指数（SI）
P16	16	4	65.63	15.0333
	19	3	73.68	9.591663
	21	3	66.67	17.83255
	22	3	63.64	25.6125
P65	326	9	86.90	273.6403
	381	8	83.65	344.3763
	435	7	83.73	410.9854
	490	6	86.72	348.4609
	544	5	93.73	133.4504

IUFF：$n=2$　　　　　　　　　　　　　　　　　　　　　　　　续表

编号	节拍时间（CT）	位置数量（NM）	效率（LE）	平滑指数（SI）
P148	204	14	89.71	229.7869
	255	12	83.73	398.7154
	306	9	93.03	194.7254
	357	8	89.71	305.2081
	408	7	89.71	323.6449
	459	6	93.03	222.9215
	510	6	83.73	577.9706
P205	1133	12	85.85	1256.527
	1322	11	80.27	2051.799
	1510	9	85.89	1208.511
	1699	8	85.88	1331.754
	1888	8	77.28	2854.099
	2077	7	80.28	2835.248
	2266	6	85.85	1148.612
	2454	6	79.28	2456.542
	2643	5	88.33	954.0812
	2832	5	82.43	1965.527

IUFF：$n=3$

编号	节拍时间（CT）	位置数量（NM）	效率（LE）	平滑指数（SI）
P16	16	4	65.63	20.24846
	19	3	73.68	9.899495
	21	3	66.67	9.899495
	22	3	63.64	25.17936
P65	326	9	86.90	294.7219
	381	7	95.59	85.84288
	435	7	83.73	581.9081
	490	6	86.72	444.8966
	544	5	93.73	158.414

IUFF：$n=3$ 续表

编号	节拍时间（CT）	位置数量（NM）	效率（LE）	平滑指数（SI）
P148	204	13	96.61	139.0036
	255	11	91.34	297.9966
	306	9	93.03	251.0139
	357	8	89.71	382.8786
	408	7	89.71	397.1524
	459	6	93.03	268.1641
	510	6	83.73	658.3206
P205	1133	13	79.25	1983.143
	1322	10	88.29	1094.895
	1510	9	85.89	1256.7
	1699	8	85.88	1402.018
	1888	7	88.32	1550.558
	2077	6	93.66	602.9121
	2266	6	85.85	2114.422
	2454	6	79.28	3132.777
	2643	5	88.33	1676.779
	2832	5	82.43	2798.871

IUFF：$n=4$

编号	节拍时间（CT）	位置数量（NM）	效率（LE）	平滑指数（SI）
P16	16	4	65.63	19.69772
	19	3	73.68	9.899495
	21	3	66.67	9.899495
	22	3	63.64	25.17936
P65	326	10	78.21	446.6442
	381	8	83.65	329.8591
	435	7	83.73	363.776
	490	6	86.72	237.4089
	544	6	78.11	566.8642

IUFF：$n=4$

续表

编号	节拍时间（CT）	位置数量（NM）	效率（LE）	平滑指数（SI）
P148	204	15	83.73	367.5051
	255	11	91.34	281.6949
	306	9	93.03	281.6949
	357	8	89.71	389.9077
	408	7	89.71	380.7361
	459	6	93.03	275.3616
	510	6	83.73	608.1579
P205	1133	12	85.85	1266.019
	1322	11	80.27	1945.407
	1510	9	85.89	1154.389
	1699	9	76.34	2415.466
	1888	8	77.28	2561.168
	2077	7	80.28	2124.204
	2266	7	73.59	3275.988
	2454	6	79.28	2523.011
	2643	6	73.61	3751.688
	2832	5	82.43	2390.002

IUFF：$n=5$

编号	节拍时间（CT）	位置数量（NM）	效率（LE）	平滑指数（SI）
P16	16	4	65.63	17.54993
	19	3	73.68	7.348469
	21	3	66.67	17.83255
	22	3	63.64	24.69818
P65	326	10	78.21	446.6442
	381	8	83.65	295.1999
	435	7	83.73	275.5703
	490	7	74.33	676.7695
	544	6	78.11	599.7041

编号	节拍时间（CT）	位置数量（NM）	效率（LE）	平滑指数（SI）
P148	204	14	89.71	258.8243
	255	12	83.73	356.452
	306	10	83.73	448.3302
	357	8	89.71	255.2215
	408	7	89.71	321.5183
	459	6	93.03	222.5848
	510	6	83.73	585.8942
P205	1133	13	79.25	1870.317
	1322	11	80.27	1695.914
	1510	10	77.30	2247.288
	1699	9	76.34	1965.509
	1888	7	88.32	1258.843
	2077	7	80.28	2329.074
	2266	6	85.85	1672.629
	2454	6	79.28	2539.22
	2643	6	73.61	3850.973
	2832	5	82.43	1769.093

IUFF：$n=6$

编号	节拍时间（CT）	位置数量（NM）	效率（LE）	平滑指数（SI）
P16	16	4	65.63	20.24846
	19	3	73.68	12.16553
	21	3	66.67	11.83216
	22	3	63.64	25.17936
P65	326	9	86.90	290.5632
	381	8	83.65	348.458
	435	7	83.73	483.3229
	490	6	86.72	388.8097
	544	6	78.11	692.8369

IUFF：$n=6$　　　　　　　　　　　　　　　　　　　　　　　　续表

编号	节拍时间（CT）	位置数量（NM）	效率（LE）	平滑指数（SI）
P148	204	14	89.71	241.1514
	255	11	91.34	253.4561
	306	9	93.03	207.6584
	357	8	89.71	304.0855
	408	7	89.71	333.0736
	459	7	79.74	684.3333
	510	6	83.73	611.9526
P205	1133	12	85.85	1241.642
	1322	10	88.29	1080.777
	1510	9	85.89	1380.82
	1699	8	85.88	1520.188
	1888	7	88.32	1092.054
	2077	7	80.28	2378.919
	2266	6	85.85	1728.557
	2454	6	79.28	3222.405
	2643	5	88.16	1486.582
	2832	5	82.43	2212.883

采用 Hoffman 启发式算法计算双边装配线 P16、P65、P148，以及 P205 案例，结果如表 2.7 所示。

表 2.7　Hoffmann 算法结果

编号	节拍时间（CT）	位置数量（NM）	效率（LE）	平滑指数（SI）
P16	16	3	87.50	5.7446
	19	3	73.68	8.1921
	21	3	66.67	17.1756
	22	2	95.45	3.1623
P65	326	8	97.76	60.4897
	381	7	95.59	93.8776
	435	6	97.68	90.7138
	490	6	86.72	472.2902
	544	5	93.73	245.7499

编号	节拍时间（CT）	位置数量（NM）	效率（LE）	平滑指数（SI）
P148	204	13	96.61	123.5961
	255	11	91.34	321.3254
	306	9	93.03	256.1562
	357	8	89.71	394.8265
	408	7	89.71	268.4120
	459	6	93.03	250.2758
	510	6	83.73	698.6487
P205	1133	11	93.66	857.2654
	1322	9	98.10	61.6117
	1510	8	96.63	591.8767
	1699	7	98.15	67.8233
	1888	7	88.32	1856.8342
	2077	6	93.66	771.2723
	2266	6	85.85	2541.1123
	2454	5	95.13	603.3614
	2643	5	88.33	2089.2346

2.6.2　算法对比分析

分别使用指标 NM、LE 和 SI，将 Ozcan 和 Toklu 提出的 tuba search algorithm（TSA）算法[4]、Bartholdi 提出的 genetic algorithm（GA）[5]、Lee 等提出的 group assignment procedure（GAPR）[6]、Baykasoglu 和 Dereli 提出的 colony-based heuristic（ACO）算法[7]、Hu 等提出的迭代算法（EA）[8]，以及 Hu 等提出的 LB 算法[8]与本章求解双边装配线平衡的启发式规则进行对比。特别地，以上 TSA、GA、GAPR、ACO、EA 和 LB 算法的计算结果已被 Ugur Özcan 和 Toklu 在 2009 年发表于 *The International Journal of Advanced Manufacturing Technology* 的论文 *A tabu search algorithm for two-sided assembly line balancing*[4]中统计过，其实验结果如表 2.8 所示。

表 2.8　参考数据

编号	节拍时间 (CT)	GAPR	ACO	EA	LB	TSA			
		NM				LE1	LE2	SI1	SI2
P16	16	—	—	3	3	3	85.42	87.5	3.043	7.454
	19	—	—	3	3	3	86.32	73.68	3.995	8.933
	21	—	—	3	2	3	78.10	66.67	4.667	10.436
	22	2	—	2	2	2	93.18	95.45	1.871	3.742
P65	326	9	9	—	8	9	92.10	86.9	31.735	130.847
	381	8	8	—	7	8	89.22	83.65	45.796	177.367
	435	7	7	—	6	7	90.17	83.73	47.309	170.575
	490	6	6	—	6	6	94.60	86.72	48.199	159.858
	544	5	5	—	5	5	93.73	93.73	44.591	141.009
P148	204	14	13	—	13	13	96.61	96.61	9.778	49.858
	255	11	11	—	11	11	95.69	91.34	14.039	64.335
	306	9	9	—	9	9	93.03	93.03	31.880	135.255
	357	8	8	—	8	8	95.69	89.71	23.323	90.330
	408	7	7	—	7	7	96.61	89.71	24.731	89.169
	459	7	6	—	6	6	93.03	93.03	53.934	186.833
	510	6	6	—	6	6	91.34	83.73	93.528	310.197
P205	1133	12	12	—	11	12	85.85	85.85	221.202	1083.664
	1322	10	11	—	9	11	84.09	80.27	291.708	1336.774
	1510	10	9	—	8	9	85.89	85.89	279.671	1186.544
	1699	8	9	—	7	9	80.83	76.34	386.174	1592.236
	1888	8	8	—	7	8	77.28	77.28	408.756	1635.024
	2077	7	7	—	6	7	80.28	80.28	460.256	1722.120
	2266	7	6	—	6	7	79.25	73.59	591.248	2131.775
	2454	6	6	—	5	6	79.28	79.28	562.019	1946.891
	2643	6	6	—	5	6	80.30	73.61	594.536	1971.853
	2832	5	5	—	5	5	82.43	82.43	548.040	1733.055

参考论文中，对于 LE 和 SI 的定义如下[4]：

$$\text{Max} = \max \left\{ \left\lceil \frac{\text{LTotal}}{C} \right\rceil, \left\lceil \frac{\text{RTotal}}{C} \right\rceil \right\} \tag{2.10}$$

$$\text{LB} = 2 \times \text{Max}$$

$$+ \max\left\{0, \left\lceil \frac{\text{ETotal} - (\text{Max} \times C - \text{LTotal}) - (\text{Max} \times C - \text{RTotal})}{C} \right\rceil \right\}$$

$$(2.11)$$

$$\text{LE} = \frac{\text{LB}}{m_\text{R} + m_\text{L}} \times 100 \tag{2.12}$$

$$\text{SI} = \sqrt{\frac{\sum\limits_{w}^{m_\text{R}} (S_{\max} - S_w)^2 + \sum\limits_{v}^{m_\text{L}} (S_{\max} - S_q)^2}{m_\text{R} + m_\text{L}}} \tag{2.13}$$

式中，LTotal、RTotal 以及 ETotal 为 L、R 和 E 边任务的总时间；C 为节拍时间；m_R 和 m_L 为右边和左边的工位数量；$S_{\max}$ 为最大的工位作业时间；S_w 和 S_q 分别为左右边第 w 和第 q 个工位的作业时间。

故令参考论文中装配线效率为 LE_1、平滑度为 SI_1；本书中所采用的装配线效率为 LE_2、平滑度为 SI_2，有：

$$\text{LE}_1 = \text{LE}_2 \tag{2.14}$$

$$\text{SI}_2 = \text{SI}_1 \times \sqrt{(m_\text{R} + m_\text{L})} \tag{2.15}$$

分别按照位置数量、装配线效率和装配线平滑度三个性能指标，将本章中不同算法中得到的结果与上述已发表文章中的结果进行对比，见表 2.9～表 2.11，其中，灰色的线框代表不同方法在不同案例中得到的最优值。

由表 2.9 中数据可知，在不同任务数量、不同节拍时间下的 26 个案例中，Hoffmann 几乎全部都能得到最优解（25 个）；而 RPW（IUFF（$n=7$））得到了 18 个最优解，NRPW 得到了 17 个最优解，K&W 得到了 8 个最优解，IUFF（$n=1$）得到了 17 个最优解，IUFF（$n=2$）得到了 11 个最优解，IUFF（$n=3$）得到了 16 个最优解，IUFF（$n=4$）得到了 9 个最优解，IUFF（$n=5$）得到了 8 个最优解，IUFF（$n=6$）得到了 11 个最优解，TSA 得到了 13 个最优解，LB 得到了 14 个最优解，EA 得到了 3 个最优解，ACO 得到了 11 个最优解，GAPR 得到了 8 个最优解。由此可以得出结论：Hoffmann、RPW（IUFF（$n=7$））、NRPW、IUFF（$n=1$），以及 IUFF（$n=3$）方法表现较优，在较多案例中均能实现装配线长度的最短化。

由结果还可以发现，同一算法在相同任务数的案例中，随着节拍时间的增大，获得最优解的可能性也逐渐增大，每一种算法基本都可以在一定的节拍时间时获得最优解，如 P16 在 CT＝21 时，P65 在 CT＝490 时，P148 在 CT＝510 时，以及 P205 在 CT＝2832 时。原因是随着节拍时间的增加，节拍约束方面对任务分配造成的影响越来越小，因此在分配时越容易在满足操作方位约束和先序约束的基础上得到最优解。

在表 2.10 所示的 26 个案例中，Hoffmann 得到了 26 个最优解，即在所有案例中均得到了最优解；RPW（IUFF（$n=7$））得到了 19 个最优解，NRPW 得到了 18 个最优解，K&W 得到了 9 个最优解，IUFF（$n=1$）得到了 18 个最优解，IUFF（$n=2$）得到了 12 个最优解，IUFF（$n=3$）得到了 17 个最优解，IUFF（$n=4$）得到了 10 个最优解，IUFF（$n=5$）得到了 9 个最优解，IUFF（$n=6$）得到了 12 个最优解，TSA 得到了 14 个最优解，LB 得到了 14 个最优解，EA 得到了 3 个最优解，ACO 得到了 11 个最优解，GAPR 得到了 8 个最优解。由此可以得出结论：Hoffmann、RPW（IUFF（$n=7$））、NRPW、IUFF（$n=1$）以及 IUFF（$n=3$）方法表现较优，在较多案例中实现了最大的装配线效率。

同样地，可以看到随节拍时间的增加，得到最优解的可能性越大，也越容易获得最小的 LE 值。同时，由式（2.10）可知，装配线效率与装配位置数量 K 成反比。因此当一个装配线上装配位置 k 最少时，其装配线效率也相应地达到了最高值。

装配线平滑度 SI，用于表示任务时间在装配线上每一个工位分配是否均匀。SI 值越小，则分配越均匀。表 2.11 灰色表格表示具有较小平滑度的情况。同样地，在 26 个案例中，Hoffmann 表现优异，得到了 6 个最优解；RPW（IUFF（$n=7$））得到了 3 个最优解，NRPW 得到了 2 个最优解，K&W 得到了 2 个最优解，IUFF（$n=1$）得到了 2 个最优解，IUFF（$n=2$）得到了 4 个最优解，IUFF（$n=3$）得到了 2 个最优解，IUFF（$n=4$）得到了 2 个最优解，IUFF（$n=5$）得到了 2 个最优解，IUFF（$n=6$）得到了 1 个最优解，TSA 得到了 7 个最优解。可以看出，由于使用了最小化等待时间，装配线每一个工位得到了充分利用，因此在 Hoffmann 和 TSA 方法中，每个工位中的节拍时间基本等于所有作业任务的时间之和，因此容易得到最小和较小的装配线平滑度。但由于安排在装配线左右两边最后工位上任务的作业时间往往小于节拍时间，而装配线设计是基于最小化装配线长度而进行的，因此几乎每一种算法所得到的装配线平滑度变化都很大，没有任何一种算法能保证 SI 值的绝对或相对优势。

研究结果同时也表明：在装配线长度（位置数量（NM））和装配线效率（LE）方面，简单的装配线算法在大多数情况下都可以得到最优解，但无法确保每一种情况都能获得最好的平衡解；而 Hoffmann 则基本上实现了每一种情况的最优解。但由于 Hoffmann 属于递归的算法，所以导致运算时间较长。

表 2.9　不同算法结果的位置数量对比

任务案例	CT	RPW (IUFF(n=7))	NRPW	K&W	IUFF (n=1)	IUFF (n=2)	IUFF (n=3)	IUFF (n=4)	IUFF (n=5)	IUFF (n=6)	Hoffmann	TSA	LB	EA	ACO	GAPR
P16	16	4	3	4	4	4	4	4	4	4	3	3	3	3	—	—
	19	3	3	3	3	3	3	3	3	3	3	3	3	3	—	—
	21	3	3	3	3	3	3	3	3	3	3	3	2	3	—	—
	22	3	3	3	3	3	3	3	3	3	2	2	2	2	—	2
P65	326	9	9	10	9	9	9	10	10	9	8	9	8	—	9	9
	381	7	7	8	8	8	7	8	8	8	7	8	7	—	8	8
	435	7	7	7	7	7	7	7	7	7	6	7	6	—	7	7
	490	6	6	7	6	6	6	6	7	6	6	6	6	—	6	6
	544	5	5	6	5	5	5	6	6	6	5	5	5	—	5	5
P148	204	13	13	14	13	14	13	15	14	14	13	13	13	—	13	14
	255	11	11	12	11	12	11	11	12	11	11	11	11	—	11	11
	306	9	9	10	9	9	9	9	10	9	9	9	9	—	9	9
	357	8	8	8	8	8	8	8	8	8	8	8	8	—	8	8
	408	7	7	7	7	7	7	7	7	7	7	7	7	—	7	7
	459	6	6	6	6	6	6	6	6	7	6	6	6	—	6	7
	510	6	6	6	6	6	6	6	6	6	6	6	6	—	6	6

续表

任务案例	CT	RPW (IUFF(n=7))	NRPW	K&W	IUFF (n=1)	IUFF (n=2)	IUFF (n=3)	IUFF (n=4)	IUFF (n=5)	IUFF (n=6)	Hoffmann	TSA	LB	EA	ACO	GAPR
P205	1133	11	13	13	11	12	13	12	13	12	11	12	11	—	12	12
	1322	10	10	11	10	11	10	11	11	10	9	11	9	—	11	10
	1510	9	9	10	9	9	9	9	10	9	8	9	8	—	9	10
	1699	8	9	9	8	8	8	9	9	8	7	9	7	—	9	8
	1888	7	7	7	7	8	7	8	9	7	7	8	7	—	8	8
	2077	6	6	7	6	7	6	7	7	7	6	7	6	—	7	7
	2266	6	6	6	5	6	6	7	6	6	6	7	6	—	6	7
	2454	5	6	6	5	6	6	6	6	6	5	6	5	—	6	6
	2643	5	5	5	5	5	5	6	6	5	5	6	5	—	6	6
	2832	5	5	5	5	5	5	5	5	5	5	5	5	—	5	5

表 2.10 不同算法结果的装配线效率对比

任务案例	CT	RPW (IUFF(n=7))	NRPW	K&W	IUFF (n=1)	IUFF (n=2)	IUFF (n=3)	IUFF (n=4)	IUFF (n=5)	IUFF (n=6)	Hoffmann	TSA
P16	16	65.63	87.5	65.63	65.63	65.63	65.63	65.63	65.63	65.63	87.5	87.5
	19	73.68	73.68	73.68	73.68	73.68	73.68	73.68	73.68	73.68	73.68	73.68
	21	66.67	66.67	66.67	66.67	66.67	66.67	66.67	66.67	66.67	66.67	66.67
	22	63.64	63.64	63.64	63.64	63.64	63.64	63.64	63.64	63.64	63.64	95.45	95.45

续表

任务案例	CT	RPW (IUFF($n=7$))	NRPW	K&W	IUFF ($n=1$)	IUFF ($n=2$)	IUFF ($n=3$)	IUFF ($n=4$)	IUFF ($n=5$)	IUFF ($n=6$)	Hoffmann	TSA
P65	326	86.9	86.9	78.21	86.9	86.9	86.9	78.21	78.21	86.9	97.76	86.9
	381	95.59	95.59	83.65	83.65	83.65	95.59	83.65	83.65	83.65	95.59	83.65
	435	83.73	83.73	83.73	83.73	83.73	83.73	83.73	83.73	83.73	97.68	83.73
	490	86.72	86.72	74.33	86.72	86.72	86.72	86.72	74.33	86.72	86.72	86.72
	544	93.73	93.73	78.11	93.73	93.73	93.73	78.11	78.11	78.11	93.73	93.73
P148	204	96.61	96.61	89.71	96.61	89.71	96.61	83.73	89.71	89.71	96.61	96.61
	255	91.34	91.34	83.73	91.34	83.73	91.34	91.34	83.73	91.34	91.34	91.34
	306	93.03	93.03	83.73	93.03	93.03	93.03	93.03	83.73	93.03	93.03	93.03
	357	89.71	89.71	89.71	89.71	89.71	89.71	89.71	89.71	89.71	89.71	89.71
	408	89.71	89.71	89.71	89.71	89.71	89.71	89.71	89.71	89.71	89.71	89.71
	459	93.03	93.03	93.03	93.03	93.03	93.03	93.03	93.03	79.74	93.03	93.03
	510	83.73	83.73	83.73	83.73	83.73	83.73	83.73	83.73	83.73	83.73	83.73
P205	1133	93.66	79.25	79.25	93.66	85.85	79.25	85.85	79.25	85.85	93.66	85.85
	1322	88.29	88.29	80.27	88.29	80.27	88.29	80.27	80.27	88.29	98.1	80.27
	1510	85.89	85.89	77.3	85.89	85.89	85.89	85.89	77.3	85.89	96.63	85.89
	1699	85.88	76.34	76.34	85.88	85.88	85.88	76.34	76.34	85.88	98.15	76.34
	1888	88.32	88.32	88.32	88.32	77.28	88.32	77.28	88.32	88.32	88.32	77.28
	2077	93.66	93.66	80.28	93.66	80.28	93.66	80.28	80.28	80.28	93.66	80.28
	2266	85.85	85.85	85.85	85.85	85.85	85.85	73.59	85.85	85.85	85.85	73.59
	2454	95.13	79.28	79.28	95.13	79.28	79.28	79.28	79.28	79.28	95.13	79.28
	2643	88.33	88.33	73.61	88.33	88.33	88.33	73.61	73.61	88.16	88.33	73.61
	2832	82.43	82.43	82.43	82.43	82.43	82.43	82.43	82.43	82.43	82.43	82.43

表 2.11　不同算法结果的装配线平滑度对比

任务案例	CT	RPW (IUFF(n=7))	NRPW	K&W	IUFF (n=1)	IUFF (n=2)	IUFF (n=3)	IUFF (n=4)	IUFF (n=5)	IUFF (n=6)	Hoffmann	TSA
P16	16	20.25	17.55	5.66	20.25	15.03	20.25	19.70	17.55	20.25	5.74	7.45
	19	9.90	7.35	7.35	9.90	9.59	9.90	9.90	7.35	12.17	8.19	8.93
	21	9.90	17.83	17.83	9.90	17.83	9.90	9.90	17.83	11.83	17.18	10.44
	22	25.18	24.70	25.34	25.18	25.61	25.18	25.18	24.70	25.18	3.16	3.74
P65	326	376.20	446.64	224.28	365.10	483.98	294.72	446.64	446.64	290.56	60.49	130.85
	381	85.67	295.20	87.15	537.47	331.28	85.84	329.86	295.20	348.46	93.88	177.37
	435	527.02	333.72	527.18	563.12	572.07	581.91	363.78	275.57	483.32	90.71	170.58
	490	468.51	676.77	446.50	511.11	291.29	444.90	237.41	676.77	388.81	472.29	159.86
	544	166.59	561.68	132.79	180.99	121.04	158.41	566.86	599.70	692.84	245.75	141.01
P148	204	131.97	324.66	140.92	139.13	129.31	139.00	367.51	258.82	241.15	123.60	49.86
	255	312.47	389.99	309.05	300.04	284.09	298.00	281.69	356.45	253.46	321.33	64.33
	306	250.56	448.33	241.16	258.47	244.26	251.01	281.69	448.33	207.66	256.16	135.26
	357	381.62	234.86	383.28	409.97	375.25	382.88	389.91	255.22	304.09	394.83	90.33
	408	409.48	317.39	400.23	386.84	382.72	397.15	380.74	321.52	333.07	268.41	89.17
	459	271.05	221.92	277.43	275.53	256.34	268.16	275.36	222.58	684.33	250.28	186.83
	510	692.38	545.11	691.82	683.74	661.18	658.32	608.16	585.89	611.95	698.65	310.20

续表

任务案例	CT	RPW (IUFF(n=7))	NRPW	K&W	IUFF (n=1)	IUFF (n=2)	IUFF (n=3)	IUFF (n=4)	IUFF (n=5)	IUFF (n=6)	Hoffmann	TSA
P205	1133	556.62	1877.00	1980.92	442.72	1349.69	1983.14	1266.02	1870.32	1241.64	857.27	1083.66
	1322	1489.20	1695.91	1082.45	1576.84	1007.11	1094.90	1945.41	1695.91	1080.78	61.61	1336.77
	1510	2123.06	2247.29	1261.31	2083.45	1239.47	1256.70	1154.39	2247.29	1380.82	591.88	1186.54
	1699	1905.00	1965.51	2663.59	1861.89	1333.29	1402.02	2415.47	1965.51	1520.19	67.82	1592.24
	1888	1629.41	1176.80	1478.32	1636.15	1261.36	1550.56	2561.17	1258.84	1092.05	1856.83	1635.02
	2077	837.19	2329.07	636.17	736.31	2855.20	602.91	2124.20	2329.07	2378.92	771.27	1722.12
	2266	2267.06	3350.41	2025.31	2291.03	1148.61	2114.42	3275.99	1672.63	1728.56	2541.11	2131.77
	2454	475.92	2539.22	3038.10	636.07	2541.45	3132.78	2523.01	2539.22	3222.41	603.36	1946.89
	2643	1651.71	3850.97	1752.90	1664.40	954.08	1676.78	3751.69	3850.97	1486.58	2089.23	1971.85
	2832	2987.59	1769.09	2848.77	2921.40	1949.08	2798.87	2390.00	1769.09	2212.88	3288.01	1733.05

参 考 文 献

［1］ Helgeson W B，Birnie D P. Assembly line balancing using the ranked positional weight technique. Journal of Industrial Engineering，1961，12（6）：394-398.

［2］ Kilbridge M D，Wester L. A heuristic method of assembly line balancing. Journal of Industrial Engineering，1961，12（4）：292-298.

［3］ Hackman S T，Magazine M J，Wee T S. Fast，effective algorithms for simple assembly line balancing problems. Operations Research，1989，37（6）：916-924.

［4］ Özcan U，Toklu B. A tabu search algorithm for two-sided assembly line balancing. The International Journal of Advanced Manufacturing Technology，2009，43（7-8）：822-829.

［5］ Bartholdi J J. Balancing two-sided assembly lines：a case study. The International Journal of Production Research，1993，31（10）：2447-2461.

［6］ Lee T O，Kim Y，Kim Y K. Two-sided assembly line balancing to maximize work relatedness and slackness. Computers & Industrial Engineering，2001，40（3）：273-292.

［7］ Baykasoglu A，Dereli T. Two-sided assembly line balancing using an ant-colony-based heuristic. The International Journal of Advanced Manufacturing Technology，2008，36（5-6）：582-588.

［8］ Hu X，Wu E，Jin Y. A station-oriented enumerative algorithm for two-sided assembly line balancing. European Journal of Operational Research，2008，186（1）：435-440.

第3章　双边装配线平衡的遗传算法

装配线平衡问题属于 NP 难类的组合优化问题[1]，随着任务规模的增加，其组合分配方案呈指数方式增长，从而产生组合爆炸。因此，尽管近年来计算机性能有了很大的提高，但仍然很难在有限的时间内，显性（或隐性）遍历所有可行解空间，从中找到问题的最优解。特别是对于大规模平衡问题，精确求解平衡算法的表现仍有所不足，而启发式算法仍然是解决大规模平衡问题的首选[2]。

早期的启发式算法主要集中于优先规则的研究，根据平衡问题结构、特点，提出各式各样的启发式规则。基于启发式规则来确定任务的优先级，然后按优先级的高低，依次将任务分配到装配线的各个工位上，实现装配线的平衡。然而，任何一种启发式规则都有一定的偏好，只能有效地处理一定类型的平衡问题，具有一定的适用性[3]。因此，研究人员尝试组合运用多种启发式规则；在搜索过程中引入回退、追溯等手段来提高启发式平衡算法的性能。近年来，生物进化算法逐渐被引入装配线平衡中。研究表明，遗传算法在装配线平衡问题上具有较强的适用性[4]。

本章首先研究、分析现有遗传算法在双边装配线平衡应用中的不足。然后，根据双边装配线平衡的特点，提出一种新的、基于"序列组合"编码方法的遗传算法，用来平衡大规模双边装配线平衡问题。

3.1　现有遗传算法的应用及不足

3.1.1　遗传算法简介

遗传算法是基于进化理论原理发展起来的一种广为应用的高效的随机搜索优化方法。与传统优化算法相比，遗传算法具有以下优点：对优化设计的限制较少；在搜索时，不需要了解内在性质；可以处理任意形式的目标函数和约束，无论是线性还是非线性，离散还是连续，甚至是混合的搜索空间[5]。

另外，进化算子的各态历经性使得遗传算法能够有效地进行概率意义下的全局搜索，而传统的优化方法则是通过邻近点比较而转移向较好点，从而达到收敛的局部搜索过程。遗传算法的搜索范围遍及整个解空间，而且能够以较大的概率求得全局最优解。

遗传算法不仅使其能较好地解决维数高、总体大、环境复杂、结构不清楚的问题，如机器学习等；而且，对于那些数学结构清楚，但维数太高或计算量太大，依靠传统方法难以求解的问题，如运筹学中的旅行商问题、工序安排、设备布置和装配线平衡等问题，具有较好的适用性。

3.1.2 遗传算法在装配线平衡中的应用及不足

1992 年，Falkenauer 和 Delchambre[6]首次应用遗传算法来求解单边装配线平衡问题。之后相关研究陆续展开并取得了可喜成果。其中，特别是 Falkenauer[7]提出的遗传算法，首次成功实现了单边装配线平衡中 Bartholdi2 问题[8]（148 个任务）节拍时间为 85 和 Scholl 问题[9]（297 个任务）节拍时间分别为 1394、1515、1659 和 1878 时的最优化。

2000 年，Kim 等首次应用遗传算法来求解双边装配线平衡问题[10]。作者采用直观的、基于工位的编码方式来生成染色体（染色体的长度等于任务规模数量，染色体上基因值等于相应任务要分配的工位值），并研究、设计适合该编码方式的遗传操作算子。根据 Kim 等研究表明，该算法能够处理大规模的双边装配线平衡问题，并获得较好结果。

然而，双边装配线平衡的特点，使得基于工位编码的遗传算法[10]在双边装配线平衡问题的应用中存在如下一些问题，包括：

1）不能完全搜索整个可行解空间

在单边装配线平衡中，只要知道工位上分配任务的内容，即可确定工位的负荷（工位的完成时间）。因为在单边装配线中，在满足任务之间的优先顺序关系约束的前提下，工人可以按任意顺序进行装配作业，而不影响工位的完成时间（等于任务装配作业时间之和），因而，平衡与任务操作序列无关[11]。

在双边装配线上，每个"位置"拥有左右两个工位。左右工位上的任务可通过优先顺序关系约束相互作用、相互影响，并产生无效的"等待"时间，而且，"等待"时间大小与"位置"上任务的操作顺序密切相关，平衡需要考虑"序列相关"的完成时间约束。因此，对于双边装配线平衡来讲，仅知道任务分配到哪个工位，而不知道任务在工位上的装配顺序，是无法确切得到平衡问题的任务分配方案的。

然而，基于工位编码方式得到的染色体，仅给出了任务分配在哪个工位上，并没有给出任务在工位上的操作顺序。因此，在对染色体进行解码时，理论上需要通过显性（或隐性）的完全枚举，才能得到最佳的任务分配方案。

正如 Kim 等[10]自己所指出的，采用显性（或隐性）的完全枚举来得到唯一的工位负荷（最佳负荷分配方案），在实际操作中不具有可行性。因为完全枚举需要大量的时间，可能将超过遗传算法本身所需的运算时间；而且，在某些情况下，难以在有限时间内完成工位上所有任务分配方案的枚举。因此，在实际操作中，它们只能采用基于优先规则的启发式方法进行解码。

基于规则的启发式解码方法可以很快地实现对染色体的解码，得到各个工位的负荷。但是，由于启发式方法自身的特点，染色体解码从根本上就有所不足。首先，不能保证解码的结果一定是平衡最佳方案；其次，针对同一染色体，解码可能得到不同的结果；另外，启发式解码方法有时会将原本可行的任务分配方案，解码成"假性"不可行解而将其丢弃，从而造成搜索的盲点，不能从整个解空间中搜索找到问题的最优解。

以图 3.1 所示平衡问题为例，给定节拍时间等于 18。假定装配线上某"位置"左右工位的任务分配为 {6，11，16} 和 {8，13，14}，按照 Kim 等[10] 所提出的方法进行解码，结果如图 3.2 所示。图中，右边工位的负荷超过节拍时间，不满足节拍时间约束，而将被视为不可行解。然而，图 3.3 中任务分配方案是可行的。

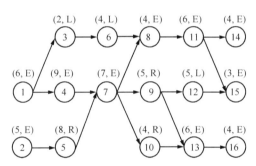

图 3.1　双边装配线平衡问题（16 个任务）

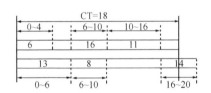

图 3.2　基于 Kim 等[10] 解码方法的结果

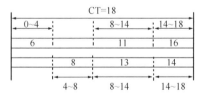

图 3.3　一种可行的任务安排

因此，在双边装配线平衡遗传算法应用中，基于工位的编码方法从根本上有所不足。因为对双边装配线平衡来讲，平衡结果与任务的装配顺序密切相关，然而，基于工位的编码方法无法体现任务在工位上的装配顺序。理论上可通过完全枚举来确定最合理的任务装配作业顺序，然而，这并不具有实际的可操作性。而当采用启发式方法进行解码，无法保证所得的任务分配方案是最优的，有时甚至会出现将可行方案解释成"假性"不可行解而将其丢弃的情形。因此，难以保证从全局角度搜索平衡的最优（或近优）解。

2）适应值函数的设置不当

在 Kim 等[10] 提出的双边装配线平衡遗传算法中，目标函数的设置如式（3.1）所示。

$$\text{Eval} = \sum_{j \in S} \text{WS}_j \tag{3.1}$$

式中，S 为工位集；WS_j 的取值如式（3.2）所示。

$$\text{WS}_j = \begin{cases} 0 & \text{if} \quad f_j = 0 \\ 1 & \text{if} \quad 0 < f_j \leqslant \text{CT} \\ 1 + (f_j / \text{CT} + 1) & \text{if} \quad f_j > \text{CT} \end{cases} \tag{3.2}$$

通过判断各个工位完成时间大小（f_j，该值可通过对染色体的解码而得）与节拍时间大小之间的关系，可确定工位 j 的启用状况：①没有启用；②启用且满足节拍时间约束；③启用但超过节拍时间约束。通过赋予 WS_j 相应的数值，使算法追求的目标为"给定节拍时间下，装配线启用的工位数量最少"。

在单边装配线平衡中，装配线长度与工位数量的多少一一对应。平衡启用工位数量越多，表示所需的装配线越长；工位数量越少，则需要的装配线越短。因而，追求装配线长度最短，等同于寻找启用工位数量最少。

然而，在双边装配线平衡中，装配线长度与工位数量并不存在一一对应关系。因为，由于任务操作方位、优先顺序关系等约束，或是出于节约成本等因素考虑，装配线上左右两边的工位将不尽全部启用（即某些情况下，只启用一边的工位）。那么，对于一条拥有 np 个"位置"的装配线来讲，启用工位的数量可为 $[np, 2np]$。因而，仅知道工位的数量 ns，是无法确切知道装配线的长度（$np \in [\lceil ns/2 \rceil, ns]$）。因此，仅追求工位数量最少，具有一定的不确定性。

（1）在双边装配线平衡中，就算两个平衡解启用工位的数量相同，并不代表这两个平衡解是等价的。

以 P24 问题[10] 为例（图 3.4），当给定节拍时间为 25 时，可以找到两个平衡解（图 3.5、图 3.6），两者都只需开启 6 个工位。按照 Kim 等[10] 基于"工位数量"的评价准则，这两个解是等价的。然而实际上，两者有很大的差异，第一种方案明显要优于第二种方案，因为所需装配线的长度较短。

（2）在双边装配线平衡中，具有启用工位数量最少的解并不一定是最优的，因为工位数量的减少可能要以牺牲装配线的长度为代价。

以图 3.1 所示的 P16 问题为例，给定节拍时间等于 17 时，可以找到两个不同的平衡解（图 3.7、图 3.8）。尽管"方案一"要比"方案二"多开启一个工位，然而，"方案一"的性能显然更佳，因为其所需装配线长度更短。

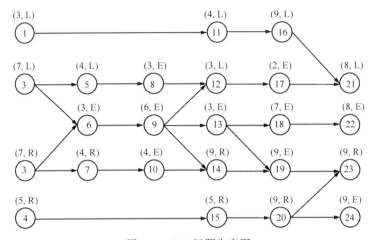

图 3.4 P24 问题先序图

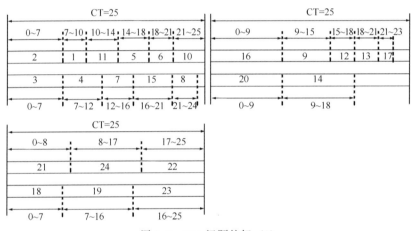

图 3.5 P24 问题的解 (1)

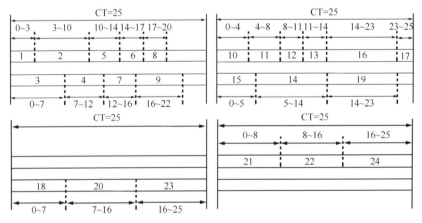

图 3.6 P24 问题的解 (2)

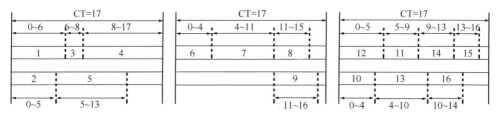

图 3.7　P16 问题的解（方案一）

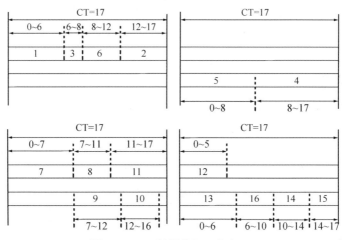

图 3.8　P16 问题的解（方案二）

在 P12 问题[10]（图 3.9）中，也存在类似情形。当给定节拍时间等于 5 时，也可找到两个不同的平衡解（图 3.10、图 3.11）：一个只需开启 5 个工位（共需要 4 个"位置"，其中有 3 个"位置"只启用一边的工位）；而另一个则要开启 6 个工位（共需要 3 个"位置"，每个"位置"左右两边工位全部启用）。尽管后一种分配方案要比前一种分配方案多启用一个工位，但后者所需装配线长度较短，因而更优。

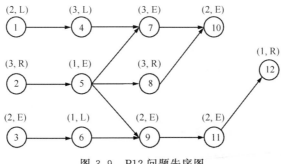

图 3.9　P12 问题先序图

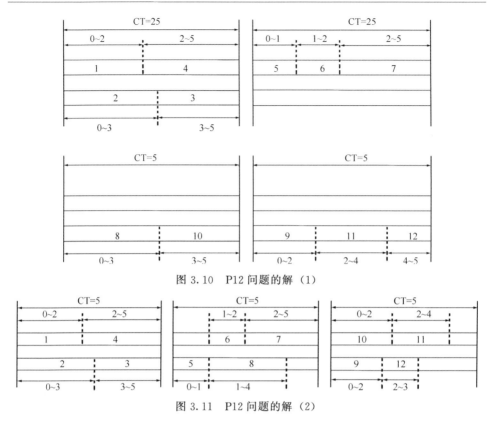

图 3.10　P12 问题的解（1）

图 3.11　P12 问题的解（2）

　　在装配线的规划设计中，装配线长度是首要考虑的因素。在不增加装配线长度的情况下，优化任务的安排，减少启用工位的数量，从而减少工人数量和设备投入等，对降低生产成本有着重要的意义。然而，在可能以牺牲装配线长度为代价的前提下，仅仅追求启用工位数量最少，可能将双边装配线退化为传统单边装配线，失去引入双边装配线生产方式的最大意义。

3.2　基于序列组合编码的遗传算法

　　尽管遗传算法在单边装配线平衡中有着广泛的应用，并取得良好效果[5~9]，然而在双边装配线平衡中，相关研究和应用的报道较少。通过对几大知名数据库（Elsevier、Springer 等）的搜索，仅找到 Kim 等[10]提出和应用基于工位编码的遗传算法来平衡双边装配线。然而，通过本章 3.1.2 节的研究表明，基于工位编码的遗传算法在双边装配线平衡应用中存在一些不足，它难以遍历搜索整个解空间，从全局角度寻找问题的最优解。

　　为此，根据双边装配线平衡的特点，本书从编码、遗传操作算子等关键要素的设计入手，研究开发出一种基于序列组合编码方式的双边装配线平衡遗传算法

(sequence-based with operational way two-sided assembly line balancing genetic algorithm，简称 SOTALB 遗传算法)。

3.2.1 编码设计

遗传算法在装配线平衡中的应用，目前主要有两种编码方式[12]：基于序列和基于工位的编码。令染色体的长度等于所求问题的规模（n），染色体上基因 r 的值为按顺序第 r 次要装配的任务（基于序列的编码）；或是表示对应任务 r 要分配的工位（基于工位的编码）。

在单边装配线平衡中，在满足任务之间的优先顺序关系约束的前提下，工人以任意顺序进行装配，工位负荷不变。因此，存在多个不同的任务序列对应于同一种平衡解的情形，这使得基于序列的遗传算法在进化过程中会存在大量无效运算（交叉、变异运算得到的不同染色体序列，其实对应于同一种分配方案），降低了算法的效率。因此，在单边装配线平衡中，基于工位的编码方式应用更广。

然而，通过上节的研究可知，在双边装配线平衡中，平衡不仅要考虑工位上分配的任务内容，而且还要考虑工位任务操作顺序的影响，平衡是"序列相关"的。因此，像单边装配线平衡那样仅给出任务分配到哪个工位是远远不够的。因为，针对工位上给定的任务，如何确定这些任务在工位上的装配顺序，本身就是一个非常复杂的规划问题[8]。所以，对于双边装配线平衡来讲，基于工位的编码方式从根本上存在不足。

基于序列的编码方式，明确给定各个任务的装配顺序，避免了基于工位的编码方式中需对任务装配顺序进行规划。然而，传统基于序列的编码方式没有给出任务分配的方位（装配线的左边或右边）。尽管通过任务的操作方位约束，可以确定 L 形和 R 形任务必须分别分配到装配线的左边和右边，然而，对于 E 形任务而言，它可以分配到装配线的任意一边，需要加以明确指定。

为此，本书提出一种基于序列的组合编码方式。在该编码方法中，染色体的长度仍为所求问题的规模（n），但染色体中各个基因值（g_r，$r \in [1, n]$）不再简单地表示该次序所要装配的任务号码，而是由两部分组合而成：该次序所要装配的任务号码（$g_r(a)$）和该任务被分配的方位（$g_r(b) \in (L, R)$）。以 P24 问题[8]为例，可生成一条染色体如图 3.12 所示，它表示先将"任务 1"分配到装配线左边，再将"任务 3"分配到装配线右边，如此重复，最后将"任务 21"分配到装配线的左边。

| 1L | 3R | 2L | 4R | 6L | 7R | 9L | 10R | 13L | 18L | 15R | 11L | 14R | 5L | 22R | 8L | 12L | 19L | 20R | 17L | 23R | 24L | 16L | 21L |

图 3.12 基于序列的组合编码

基于序列的组合编码方式，既给出了某次序要装配的任务，又指明了任务要分配的具体方位，因而可以确切地得到染色体对应的任务分配方案，这既解决了以往基于序列编码方式中无法体现双边装配线平衡对任务操作方位的要求，又避免了基于工位的编码方式中需要对任务的装配顺序进行规划的难题。

3.2.2　染色体解码

在遗传进化过程中，要对染色体进行筛选，将好的保留、差的淘汰，从而实现优胜劣汰，最终找到近优（最优）解。为此，首要的任务就是要对染色体进行解码，将其还原为具体的装配线平衡分配方案，从而为后续的适应值函数计算与评价提供支持。

在基于工位的编码方式中，为获得染色体对应唯一的（最佳）任务分配方案，理论上需要对每个位置左右工位上分配的任务进行显性（或隐性）完全枚举。然而，由于操作上的不可行性，实际应用上往往需要采取启发式方法进行解码。但是由于启发式规则的适用性，可能会产生"误解"等问题。

然而，对基于序列的组合编码方法产生的染色体进行解码时，则不存在上述问题。整个解码过程快捷、简单明了，解码的结果唯一。具体过程见表 3.1。

表 3.1　染色体解码

(1) $p=1$；//启用装配线第一个位置；
(2) For ($r=1$; $r<n$; $r++$)
(3)　　　$i=g_r(a)$, $w=g_r(b)$;
(4)　　　计算任务 i 在 p 位置 w 边工位的开始时间 st_i;
(5)　　　If (st_i+t_i) >CT
(6)　　　　$p=p+1$; $p=p+1$; $st_i=0$;
(7)　　　将任务 i 在 p 位置 w 边工位上;
(8) End For

表 3.1 中，st_i 表示任务 i 在 p "位置" w 边工位上的装配开始时间，该值为 w 工位上任务 i 之前任务的完成时间和伴随工位（p "位置"另一边工位）上任务 i 前序任务的最晚完成时间之间的较大值。

以图 3.12 所示的染色体为例，假定节拍时间为 22，该染色体解码后对应的装配线平衡分配方案如图 3.13 所示。

从图 3.13 中可知，该染色体对应的装配线平衡分配方案为：开启 4 个"位置"，启用 7 个工位，其中最后一个"位置"只启用一边的工位。图中给出了每个工位上分配的任务及其装配顺序、工位的装配作业时间（等于该工位上所有任务作业时间的总和）和工位的完成时间（指工位上最后一个任务的完成时间，由于左右工位上的任务可通过优先顺序关系约束相互作用、相互影响，因此，工位的完成时间并不总是等于任务作业时间之和）。

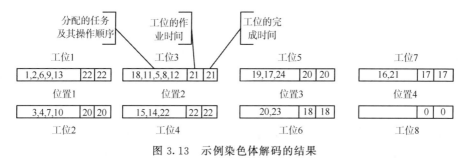

图 3.13　示例染色体解码的结果

3.2.3　染色体初始化

在装配生产线平衡的遗传算法中，初始化算法的目的是生成一组可行染色体。根据装配优先顺序图的拓扑排序方法，可行染色体生成算法可分成两种情况：其一，不断地从剩余装配优先顺序图中分离出紧邻前序为空的节点，分配到序号最小的"负荷未满"的位置中；其二，不断地从剩余装配优先顺序图中分离出紧邻后序为空的节点，并分配到序号最大的"负荷未满"的位置中。前者称为"前向"分配算法，后者称为"后向"分配算法。

判断一个位置是否为"满负荷"，看其是否还能将可分配的任务安排到当前位置上（左边或右边的工位），并且左边、右边工位的完成时间都不能超过节拍时间。如存在满足条件的任务，则当前位置仍是"欠负荷"；否则，则为"满负荷"，关闭当前位置，开启下一个位置。

下面给出"前向"初始化算法的具体步骤（表 3.2）。表中，RS 为剩余的装配优先顺序集，其初始值为 V；RC 为当前所有可分配任务（即所有紧邻前序为空的任务）。

表 3.2　"前向"初始化算法

(1) RS $= V$;
(2) $p = 1$；//启用装配线第一个位置；
(3) While（RS$\neq\varnothing$）
(4) 　　RC $= \{j \mid P_j^* \cap \mathrm{RS} = \varnothing,\ j \in \mathrm{RS}\}$ ；
(5) 　　任选一个任务 i（$\in$RC）；
(6) 　　If（$d_i = E$）//确定分配的方位；
(7) 　　　　$w = L\ or\ R$；//"E 形"任务，两边均可，任选一边；
(8) 　　Else

(9)	$w = d_i$；//按操作方位要求，分配到指定一边；
(10)	If　i 能成功分配到 p 位置的 w 边工位//能在节拍时间内完成；
(11)	将 i 分配到 p 位置的 w 边工位；
(12)	Else
(13)	$p = p + 1$；
(14)	RS = RS$-i$；
(15)	End While

为使初始种群中染色体具有多样性，在初始化过程中（表 3.2 中步骤 (5)），采用多种启发式规则（而不是完全随机选择）来选择任务进行分配。具体的启发式规则有：①优先分配具有后序任务最多的任务；②优先分配 RPW 值[17]最大的任务；③优先分配装配作业时间最大的任务；④随机选择。

在种群的初始化过程中，任务的分配总是遵循优先顺序关系约束。因为在分配任务 i 之前，其所有的紧邻前序任务 $j(\in P_i)$ 均已被分配；任务的分配也总是满足操作方位约束，它总是被分配到装配线可以装配的一边。因此，生成的染色体都是可行的。另外，应用上述启发式规则，如具有最多后序的任务优先，将优先分配具有较多后序的任务，使后续的分配具有更多的选择，从而能得到更多不同的平衡方案，使初始种群保持足够的多样性。

3.2.4　评价函数与选择概率

在装配生产线平衡的遗传算法中，每一种染色体对应一个平衡解，平衡解的优劣通过适应值来度量。在计算染色体的适应值之前，首先要调用表 3.1 中程序对染色体进行解码，以获得染色体对应的装配线平衡解（装配线的长度，即"位置"数量（P）；工位是否启用 $bS_k(k \in S)$ 和工位上任务的具体分配，等等）。

根据前文的研究表明，对于双边装配线平衡问题，单用"位置"数量或工位数量来评价平衡解的优劣都是不充分的。因为在双边装配线平衡中，由于优先顺序关系、操作方位等约束，或是出于节约成本等因素考虑，装配线上左右两边的工位不尽完全启用（有时某些"位置"只启用一边的工位），因此，仅仅知道平衡所需的"位置"数量或是启用的工位数量，都无法确切判断解的优劣。而是需要将两者结合起来，一同来评判解的优劣。因此，染色体的适应值函数可设计为

$$e(C_i) = p + \frac{1}{n} \sum_{k \in S} bS_k \tag{3.3}$$

对于种群中第 i 个染色体(C_i)来讲，其适应值由两部分组成：第一项表示染色体解码后所得平衡解中对应的装配线长度，即"位置"数量；第二项表示所要启用工位的数量。通过设定不同的比例因子（1）和（$1/n$），使得在满足各种约

束条件下，追求装配线长度最短，并在此基础上，启用工位数量最少。

由于双边装配线平衡问题是寻找最小值问题，所以染色体的选择概率与种群中最大适应值有关。假定 e_b 是当代种群中最大的适应度值，则第 i 个染色体 C_i 的选择概率可设置为

$$p_{(s, i)} = (e_b - e(C_i))/\sum_{j=1}^{p\,\text{size}} (e_b - e(C_j)) \tag{3.4}$$

对于染色体 C_i 而言，其适应值 $e(C_i)$ 越小，该染色体被选择的概率就越大。

3.2.5 遗传操作算子

遗传操作算子在进化过程中具有非常重要的作用。本书提出的基于序列的组合编码方式生成的染色体既包含任务的装配顺序信息（隐含任务之间的优先顺序关系约束），又包含任务分配的方位信息，这不同于以往的染色体编码方法，因此，需要研究、设计合适的遗传操作算子。

1. 交叉算子

交叉操作是遗传算法中的主要操作，它不但能够保留个体中好的基因，而且能引入其他个体的优良基因。传统的交叉方法有部分匹配交叉（PMX）、循环交叉（CX）和顺序交叉（OX）等[13]，然而在双边装配线平衡中，这些方法无法被直接应用，因为不能保证经交叉后所得的新个体仍然是可行的。为此，本书提出适合双边装配线平衡特点，交叉后仍保持可行的染色体的交叉方法。具体的交叉过程如下：

步骤 1：随机选择两个交叉点 h_1、h_2。

步骤 2：将父代染色体 F_1、F_2 在 $[h_1, h_2]$ 之间的基因拷贝到子代染色体 O_1、O_2 对应的位置中。

步骤 3：分别在 $[1, h_1-1]$ 与 $[h_2+1, n]$ 中，找出在 F_1、F_2 中相同的任务（分配的操作方位可以不同）。按这些任务在 F_2 中分配的顺序和方位，写入到 O_1 的相应位置；同理，以其在 F_1 中的分配顺序和操作方位，写入 O_2。

步骤 4：对于 O_1、O_2 中尚未确定的基因值，取其在 F_1、F_2 对应位置上分配的任务值，写入到相应的任务集 RS 中，运用本节提出的重分配策略进行重新分配。

可以证明，染色体经过上述交叉变换后得到的子代染色体也是可行的，即满足任务的操作方位约束及优先顺序关系约束。由于本节提出的重分配策略是在满足操作方位约束及优先顺序关系约束前提下，将任务重新进行分配，因此，运用重分配策略得到的任务安排将不会破坏染色体的可行性。所以，我们只需证明在

交叉复制过程中，任务的拷贝、移动不会破坏染色体的可行性即可。

证明：

1）操作方位约束

在交叉时，父代中各基因值被整体复制到子代中。对于父代染色体而言，它是可行的，即任务的分配满足操作方位约束，因此，经过交叉变换后的子代染色体中各个任务的分配也一定满足操作方位约束。

2）优先顺序关系约束

以 $[1, h_1-1]$ 段为例，假设 F_1、F_2 中相同的任务集为 S，S 中任务在 F_1 中的装配顺序为 S_1，在 F_2 中的装配顺序为 S_2。

采用反证法来证明。

假设将 S 中任务按 S_2 顺序复制到 O_1 时，O_1 将不可行。那么，在 F_1 的 $[1, h_1-1]$ 段中，至少存在一个任务 $i(i \notin S)$，其为 S 中任务的前序，使得以 S_2 顺序分配不可行。

如果任务 i 为 S 中某个任务的前序，那么 i 一定存在于 F_2 的 $[1, h_1-1]$ 段中，因为，F_2 是可行的染色体，其任务的分配满足优先顺序关系约束。

那么，i 将同时存在于 F_1、F_2 的 $[1, h_1-1]$ 段中，即 $i \in S$。这与假设相矛盾。因此，经交叉变换后得到的子代染色体也是满足优先顺序关系约束的。

证毕。

以 P24 问题为例，假设有两条可行的父代染色体 F_1、F_2，当给定交叉点 $h_1=7$、$h_2=10$，交叉后所得一条子代染色体（O_1）如图 3.14 所示。图中，"＃" 表示需要用重分配策略进行处理的任务。

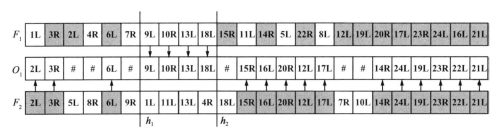

图 3.14　交叉操作示意

2. 变异算子

为避免搜索过程过早地陷入局部最优，变异算子随机选择一些染色体的部分基因进行变异，具体过程如下：

步骤 1：根据染色体突变概率 p_m 选取要进行突变的染色体。

步骤 2：根据基因突变概率 p_g 确定要进行突变的基因位置，将这些位置上分配的任务写入到待处理任务集 RS 中。

步骤 3：运用本节提出的重分配策略，对 RS 中任务进行重分配。

为避免种群收缩于局部最优解，又使种群进化保持一定的持续性，在进化过程中，我们采用动态的变异率。在进化的初始阶段，采用较高的变异率，使种群具有足够的突变性，避免收敛到局部最优解[14]；而随着进化代数的提高，降低种群的变异率，避免种群无序进化，使其在较优情况下向着最优解靠拢。

第 i 代染色体的变异率 $p_{(m, i)}$ 由式（3.5）计算而得

$$p_{(m, i)} = \frac{p_{gen}}{p_{gen} + i} * p_m \tag{3.5}$$

式中，p_{gen} 为在开始阶段设定的最大进化代数。

3. 重分配策略

通过交叉与变异操作后，得到的子代染色体还不是一条完整的染色体，其中还有部分任务需要重新进行分配。本书提出一种重分配策略，对这些任务进行重新分配，具体过程如下：

步骤 1：令 RS 为所有待处理的任务集。

步骤 2：从 RS 找出无前序（或前序均已被分配）的任务，写入 RC 中。

步骤 3：如果 RC 中有多个任务，找出 RPW 值[17]最大的任务。

步骤 4：如果有多个具有最大 RPW 值的任务，随机选择一个任务。

步骤 5：计算所选任务（i）在染色体序列中的可分配区间 $[SE_i，SL_i]$。

在染色体序列中，任务 i 的最早可开始装配位置（SE_i）与最晚必须进行装配的位置（SL_i）可分别由式（3.6）和式（3.7）计算而得。

$$SE_i = \begin{cases} \max(s_h) + 1 & h \in P_i \\ 1 & P_i = \varnothing \end{cases} \tag{3.6}$$

$$SL_i = \begin{cases} \min(s_h) - 1 & h \in F_i^* \\ n & F_i^* = \varnothing \end{cases} \tag{3.7}$$

式中，s_h 为任务 h 在染色体序列中分配的顺序位置。

步骤 6：随机选择任务 i 的分配位置 $r(r \in [SE_i，SL_i])$。

步骤 7：分配任务 i。

如果 $d_i \neq E$，令 $w = d_i$；反之，w 随机取值 L 或 R。将任务 i 与其分配的方位 w 组合，作为基因值写入染色体的 r 位置中。如果 r 位置不为空，则在（$r-1$）后插入一个位置，写入该基因值。然后随机删除染色体中一个待处理的位置。

步骤 8：RS＝RS－i；如果 RS 为空，结束分配；反之，转到步骤 2。

以图 3.10 所示的子代染色体 O_1 为例，经过交叉操作后，RS（＝{1，4，5，7，8，11}）需要重新进行分配。首先，从 RS 中找出无前序或前序已分配的任务 RC（＝{1，4，5，7}），从 RC 中找出 RPW 值最大的任务 7，由式（3.6）和式（3.7）计算得 SE_7＝2，SL_7＝7。从 [SE_7，SL_7] 中选择一个分配位置（如 r＝6）。由于 d_7 等于 E（可任意分配到装配线的两边），此处将其分配到装配线的右边，可得基因值 "7R"，写入到染色体的第 6 个位置。更新并继续分配剩余任务，直至所有的任务全部被分配，生成一条完整的染色体如图 3.15所示。

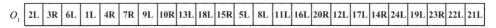

| O_1 | 2L | 3R | 6L | 1L | 4R | 7R | 9L | 10R | 13L | 18L | 15R | 5L | 8L | 11L | 16L | 20R | 12L | 17L | 14R | 24L | 19L | 23R | 22L | 21L |

图 3.15　重分配策略后的完整染色体

3.2.6　遗传算法主程序

SOTALB 算法的具体步骤概括如下：

步骤 1：输入种群数量（p_{size}）和迭代次数（p_{ite}）；

步骤 2：随机调用初始化 "前向"、"后向" 算法产生初始种群（p_{size}）；

步骤 3：利用适应值函数 $e(C_i)$ 计算种群中所有染色体的适应值，并记录种群中最优解；

步骤 4：根据式（3.4）计算染色体的选择概率（$p_{(s, i)}$），并通过精英策略产生下一代种群；

步骤 5：按照交叉概率 p_c 从子代种群中选择染色体，并完成交叉过程；

步骤 6：按照变异概率 p_m 从子代种群中选择染色体，并完成变异过程；

步骤 7：重复步骤 3～步骤 6，直到完成 p_{ite} 次迭代。

3.3　应用案例

通过对目前公开发表的 P9、P12、P16、P24、P65、P148 和 P205 问题的求解，来验证基于序列组合编码的遗传算法性能。其中，P205 问题取之于文献[15]，它是目前公开报道规模最大的双边装配线平衡问题，来自于韩国某汽车厂某种型号的卡车装配生产线；其他问题的出处和处理详见第 2 章。

对于遗传算法而言，参数设计对运行性能具有一定的影响，因此，针对本书提出的 SOTALB，根据对所求解问题的预先测试结果，设置各种参数值如下：

对规模较小的平衡问题（即 P9-P24 问题），设种群大小为 20，循环代数为

50，染色体交叉概率为 0.7，变异概率为 0.2（基因变异概率为 0.5）。

对于规模较大的平衡问题（P65-P205），设种群大小为 50，循环代数为 100，染色体交叉概率为 0.7，变异概率为 0.3（基因变异概率为 0.5）。

对启发式平衡算法（包括遗传算法）而言，启发式特点决定了平衡结果不是确定、唯一的。为减少因平衡结果不一而影响算法性能的评价，参照文献 [10，16] 中的处理方法，针对每个问题运行 SOTALB 算法多次（此处设为 10 次），给出运行所得的最佳解、最差解及平均解。结果见表 3.3。

表 3.3　基于遗传算法的平衡解

问题	节拍（CT）	下界（LB）	Group		ACO	SOTALB		
			最佳解	平均值（工位数量）		最佳解	最差解	平均值
P9	3	3	—	—	3 [6]	3 [6]	3 [6]	3 [6]
	4	4	—	—	3 [5]	3 [5]	3 [5]	3 [5]
	5	5	—	—	2 [4]	2 [4]	2 [4]	2 [4]
	6	6	—	—	2 [3]	2 [3]	2 [3]	2 [3]
P12	4	4	—	—		4 [7]	4 [7]	4 [7]
	5	5	—	—		3 [6]	3 [6]	3 [6]
	6	6	—	—		3 [5]	3 [5]	3 [5]
	7	7	—	—		2 [4]	2 [4]	2 [4]
P16	15	15	—	—		4 [6]	4 [7]	4 [6.1]
	18	18	—	—		3 [6]	3 [6]	3 [6]
	20	20	—	—		3 [5]	3 [6]	3 [5.1]
	22	22	2 [4]	—	—	2 [4]	3 [5]	2.3 [4.3]
P24	20	20	—	—	4 [8]	4 [8]	4 [8]	4 [8]
	25	25	—	—	3 [6]	3 [6]	4 [7]	3.4 [6.4]
	30	30	—	—	3 [5]	3 [5]	3 [6]	3 [5.1]
	35	35	—	—	3 [5]	3 [5]	3 [5]	3 [5]
	40	40	—	—	2 [4]	2 [4]	2 [4]	2 [4]
P65	326	326	9 [17]	17.4	9 [17]	9 [17]	9 [18]	9 [17.4]
	381	381	8 [15]	15.0	8 [15]	8 [15]	8 [16]	8 [15.2]
	435	435	7 [13]	13.4	7 [13]	7 [13]	7 [14]	7 [13.1]
	490	490	6 [12]	12.0	6 [12]	6 [12]	6 [12]	6 [12]
	544	544	5 [10]	10.6	5 [10]	6 [11]	6 [11]	6 [11]

| 问题 | 节拍
(CT) | 下界
(LB) | Group | | ACO | SOTALB | | |
			最佳解	平均值 （工位数量）		最佳解	最差解	平均值
P148	204	204	14 [27]	27.0	13 [26]	13 [26]	14 [27]	13.1 [26.1]
	255	255	11 [21]	21.0	11 [21]	11 [21]	11 [21]	11 [21]
	306	306	9 [18]	18.0	9 [18]	9 [18]	9 [18]	9 [18]
	357	357	8 [15]	15.0	8 [15]	8 [15]	8 [16]	8 [15.1]
	408	408	7 [14]	14.0	7 [14]	7 [14]	7 [14]	7 [14]
	459	459	7 [13]	13.0	6 [12]	6 [12]	7 [13]	6.2 [12.2]
	510	510	6 [11]	11.0	6 [11]	6 [11]	6 [11]	6 [11]
P205	1133	1133	12 [23]	23.0	12 [24]	12 [24]	12 [24]	12 [24]
	1322	1322	10 [20]	20.7	11 [22]	10 [20]	11 [21]	10.2 [20.2]
	1510	1510	10 [20]	20.0	9 [18]	9 [18]	9 [18]	9 [18]
	1699	1699	8 [16]	16.0	9 [18]	8 [16]	9 [17]	8.2 [16.2]
	1888	1888	8 [16]	16.0	8 [15]	8 [15]	8 [16]	8.3 [15.3]
	2077	2077	7 [14]	14.0	7 [14]	6 [12]	7 [14]	6.7 [13.1]
	2266	2266	7 [13]	13.0	6 [12]	6 [12]	6 [12]	6 [12]
	2454	2454	6 [12]	12.0	6 [12]	5 [10]	6 [12]	5.8 [11.2]
	2643	2643	6 [12]	12.0	6 [11]	5 [10]	6 [11]	5.3 [10.3]
	2832	2832	5 [10]	10.0	5 [10]	5 [10]	5 [10]	5 [10]

注："—"表示该算法未给出相应问题的平衡解。

从表中可得，当问题规模较小时，本书提出的 SOTALB 算法性能与 ACO 算法一样，均能找到平衡问题当前最佳的任务分配方案。而且，从 10 次运行的结果来看，SOTALB 算法具有较强的鲁棒性（注：文献 [16] 只给出 ACO 算法针对各个平衡问题所得的最佳平衡解；文献 [15] 只给出 Group 算法针对大规模平衡问题的求解结果，而且是以多次平衡结果所需的平均工位数量形式报道的。本书引用文献 [16] 中对"平均工位数量"的处理方法，取小于等于"平均值"的最大整数为平衡所能实现的具有"最少工位数量"的任务分配方案，相应地，装配线的最短长度（即"位置"数量）就等于"最少工位数量"的一半并取整。

随着问题规模的增加，SOTALB 算法、ACO 算法，以及 Group 算法的表现各有千秋，这些平衡算法在各个问题中的表现如下：

对 P65 问题来讲，Group 算法与 ACO 算法表现较好。在所测试的 5 个不同节拍时间的问题中，它们均能找到所求问题当前报道最好的任务分配方案。

SOTALB 算法的表现要稍逊一筹，针对节拍为 544 的平衡问题，其能找到的最优分配方案比当前公开报道的最优解要多启用一个工位。

针对 P148 问题，SOTALB 与 ACO 算法表现较好。在所测试的 7 个不同的节拍时间的问题中，它们得到的平衡解是目前最优的。而 Group 算法的表现要略差，针对节拍为 204 的平衡问题，其找到的最优分配方案要比当前公开报道最优解要差。

针对目前公开报道规模最大的平衡问题（P205）来讲，三种算法的表现各有千秋，但总的来讲，SOTALB 算法的表现要略胜一筹。从所测试的 10 个不同节拍时间的平衡问题来讲，SOTALB 能找到 9 个目前最佳的任务分配方案，其中，针对节拍时间为 2077、2454 和 2643 的平衡问题，SOTALB 得到的平衡解是当前最优解。对于 Group 算法和 ACO 算法而言，两者表现大致相当，前者找到 4 个最优的任务分配方案；而后者能实现 3 个最佳解。

通过对公开报道平衡问题的求解结果来看，SOTALB、Group 和 ACO 算法的表现各有千秋，这是由于启发式算法的本质决定的，没有任何一种启发式算法能适应所有的平衡问题。但总的来看，本书所提出的 SOTALB 算法性能要优于 Group 和 ACO 算法。因为，针对绝大多数平衡问题，SOTALB 能找到目前最佳的任务分配方案，其中有 3 个问题的当前最优解是首次被找到。

双边装配线平衡是一种非常复杂的组合优化问题，随着问题规模的增加，解数量将呈指数级增长，从而产生组合爆炸。因此，针对大规模平衡问题，很难用精确算法进行最优化求解。

遗传算法，作为目前新兴的一种有效的启发式算法，在组合优化问题中有着良好的表现[12]。近年来，研究人员将其引入到单边装配线平衡中，并取得了不错的效果。然而，遗传算法在双边装配线平衡中的应用、研究相对较少且存在不足。本书根据双边装配线平衡的特点，对遗传算法在双边装配线平衡中的应用进行研究，主要成果如下：

（1）针对公开报道的基于工位编码的遗传算法[10]在双边装配线平衡应用，从染色体编码方式、解码方法，以及适应值函数的设置等方面，指出现有遗传算法在双边装配线平衡应用中的不足，具体包括：①基于工位编码的遗传算法在解空间搜索中存在"盲点"。双边装配线平衡的一个重要特点就是"序列相关性"。平衡方案不仅应知道任务分配到哪个工位，而且，还要知道任务在工位上的装配作业顺序。然而，基于工位的编码方式，仅给出任务所分配的工位信息，如果要得到确切、最优的任务装配顺序，理论上需要对工位上所分配任务进行完全枚举，然而这本身就是一个复杂的顺序规划问题，难以处理。因此在实际操作中，需要采用启发式方法进行解码。研究表明，基于启发式的解码有时会将原本可行的任务分配方案误解成"假性"不可行解的状况，而将部分可行解剔除，造成搜索的"盲点"，这使得算法不能从全局出发搜索问题的最优解。②求启用工位数量最少的目标模糊，不明确。在双边装配线中，由于任务之间优先顺序关系约束、操作方位约束等的限制，或是出于节约成本的考虑，装配线左右两边工位有时不会全部启用，即装配线上某些"位置"只开启一边的工位，因此，启用工位数量的多少与装配线长度并不成严格的一一对应关系。所以，简单地追求启用工位数量最少，而不考虑装配线的长度，很难真正界定一个平衡方案的优劣。研究表明，以牺牲装配线长度为代价，可以得到启用工位数量更少的平衡方案。然而，这相当于将双边装配线退化为传统单边装配线，失去引入双边装配线的意义。

（2）提出一种基于"序列组合"编码的遗传算法。根据双边装配线平衡序列相关的特点，本书提出一种基于"序列组合"的编码方式。基于该方法，可以简单地确定任务的装配顺序和任务分配的具体方位，避免了像基于工位编码方式中还需对任务的装配顺序进行规划的问题，以及因采用启发式解码方法而引发的搜索空间"盲点"的问题。

针对该编码方式，研究设计相应的遗传操作算子，并提出适合双边装配线平衡特点的目标函数表达式。通过对公开报道的所有双边装配线平衡问题的求解结果表明，本书提出的基于"序列组合"编码的遗传算法是双边装配线平衡目前最好的启发式算法之一。它能找到绝大多数平衡问题当前最优的任务分配方案，其中，针对 P205 问题（节拍时间分别为 2077、2454 和 2643），首次找到当前最佳的任务分配方案。

参 考 文 献

[1] Ghosh S，Gagnon R J. A comprehensive literature review and analysis of the design，balancing and scheduling of assembly systems. The International Journal of Production Research，1989，27（4）：637-670.

[2] Nearchou A C. Multi-objective balancing of assembly lines by population heuristics. International Journal of Production Research，2008，46（8）：2275-2297.

[3] Talbot F B，Patterson J H，Gehrlein W V. A comparative evaluation of heuristic line balancing techniques. Management Science，1986，32（4）：430-454.

[4] Tasan S O，Tunali S. A review of the current applications of genetic algorithms in assembly line balancing. Journal of Intelligent Manufacturing，2008，19（1）：49-69.

[5] Michalewicz Z. 演化程序——遗传算法和数据编码的结合. 北京：科学出版社，2000.

[6] Falkenauer E，Delchambre A. A genetic algorithm for bin packing and line balancing. IEEE，1992.

[7] Falkenauer E. A hybrid grouping genetic algorithm for bin packing. Journal of heuristics，

1996，2 (1)：5-30.

[8] Bartholdi J J. Balancing two-sided assembly lines：a case study. The International Journal of Production Research，1993，31 (10)：2447-2461.

[9] Scholl A. Balancing and sequencing of assembly lines. Darmstadt Technical University，Department of Business Administration，Economics and Law，Institute for Business Studies (BWL)，1999.

[10] Kim Y K，Kim Y，Kim Y J. Two-sided assembly line balancing：a genetic algorithm approach. Production Planning & Control，2000，11 (1)：44-53.

[11] Hoffmann T R. Eureka：A hybrid system for assembly line balancing. Management Science，1992，38 (1)：39-47.

[12] 王凌. 车间调度及其遗传算法. 北京：清华大学出版社，2003.

[13] Poon P W，Carter J N. Genetic algorithm crossover operators for ordering applications. Computers & Operations Research，1995，22 (1)：135-147.

[14] Leung Y，Gao Y，Xu Z. Degree of population diversity—a perspective on premature convergence in genetic algorithms and its markov chain analysis. Neural Networks，IEEE Transactions on，1997，8 (5)：1165-1176.

[15] Lee T O，Kim Y，Kim Y K. Two-sided assembly line balancing to maximize work relatedness and slackness. Computers & Industrial Engineering，2001，40 (3)：273-292.

[16] Baykasoglu A，Dereli T. Two-sided assembly line balancing using an ant-colony-based heuristic. The International Journal of Advanced Manufacturing Technology，2008，36 (5-6)：582-588.

[17] Helgeson W B，Brinie D P. Assembly line balancing using the ranked positional weight technigue. Journal of Industrial Engineering，1961，12 (6)：244-254.

第4章 双边装配线平衡的分支定界算法

自从装配线平衡问题问世以来，研究人员就一直在研究快速、有效地实现平衡问题最优化的精确求解算法，并已经取得了可喜的成果。针对单边装配线平衡问题，涌现出 FABLE[1]、Eureka[2]、OptPack[3] 和 Salome[4] 等著名的最优化平衡算法；针对 U 形装配线平衡问题，也提出了 ULINO[5] 等精确求解算法。然而，自从 Bartholdi[6] 于 1993 年首次提出双边装配线平衡问题以来，至今还未有双边装配线平衡问题的精确求解算法研究的公开报道。

理论上，通过双边装配线平衡数学模型，可用数学解析方法（如应用 LINGO、CPLEX 等数学规划软件进行求解）对平衡问题进行研究分析，获取问题的最优解。然而，由于双边装配线平衡的复杂性，目前的数学规划软件只能处理很小规模的平衡问题，不具有实际应用价值。因此，必须研究更加有效的、快速实现双边装配线平衡的精确求解算法。

在单边装配线平衡精确求解的研究中，研究人员提出多种平衡方法，包括：基于有向网络图的最短路径算法[7,8]、动态规划算法[9,10] 和分支定界算法[2~4,11]，等等。研究表明，分支定界算法的表现最佳[12]。

本章根据双边装配线平衡的特点，提出两种精确求解算法（基于任务枚举和基于工位枚举的分支定界算法），用来最优化双边装配线的平衡。

4.1 基于任务枚举的分支定界平衡算法

4.1.1 基于任务枚举的树生成策略

在单边装配线平衡中，问题的平衡解可用一条任务序列（π_0，…，π_i，…，π_n）来表示[13]。从左至右、依次将序列中任务（π_i）分配到工位中。当工位上所分配任务的作业时间之和大于节拍时间时，关闭当前工位，开启下一个工位，继续分配任务，直至完成所有任务的分配。这种将任务序列按"工位最大可承受负荷"划分得到的任务分配方案，即为所求问题的一种平衡解。Jackson[14] 研究证明，装配线平衡问题的最优解一定存在于按这种方式划分的可行任务序列中。

为找到问题的最优解，理论上需要生成所有可行的任务序列，然后从中找出问题的最优解。Saltzman 和 Baybars[13]、Johnson[1,15] 等经过研究发现，基于任务之间的优先顺序关系，可生成包含所有可行任务序列的枚举树。这种基于任务枚举的可行树的生成方法，如表 4.1 所示。

表 4.1　基于任务枚举的树生成策略

Task-based tree generation procedure

(1) begin

(2) 　　Initialize；//读取数据，初始化

(3) N：//深度优先搜索方式

(4) 　　GetLevelNodes（LT）；//获得当前层可分支节点

(5) 　　If（LT 为空）//得到一个完整的分支，即平衡解

(6) 　　　　if（an improved solution is constructed）//判断是否比当前最优解好？

(7) 　　　　Update current incumbent solution；//更新当前最优解

(8) 　　　　if（FATHOMED）end；//如果达到全局最优解，结束搜索

(9) 　　　end

(10) 　　end

(11) 　　do while（LT 中任务均已遍历）//遍历生成当前层的所有分支

(12) 　　　　BRANCH；//生成分支节点

(13) 　　　　if（FATHOMED）//判断当前分支是否有可能达到全局最优解

(14) 　　　　CONTINUE；//如不存在这种可能，搜索同层其他分支

(15) 　　　　else

(16) 　　　　　go to N：//深度优先，生成当前分支下一层节点

(17) 　　　　end

(18) 　　end

(19) end

在表 4.1 中，首先读入所求问题的各项数据，包括任务之间的优先顺序关系和任务的装配作业时间等，并对相关数据进行初始化（打开装配线的第一个工位等）。然后，根据 GetLevelNodes 子程序找到当前层所有分支节点（无前序或是前序均已被安排的任务），写入到任务集 LT 中。如果 LT 为空，表示所有的任务都已被分配，此时将得到一条完整的分支（可行任务序列，对应一种平衡解），比较并记录当前最优的任务分配方案；如果 LT 不为空，遍历生成当前层的所有分支，并对所创建的每个分支节点，运用同样的方法生成其下一层所有分支节点，如此以往，直至枚举生成所有可行任务序列，从中找到问题的最优解。

装配线平衡问题实际上也是一种组合优化问题，存在多个满足约束条件的最优解。然而，平衡只需找到问题的一个最优解即可。因此，为避免陷入完全枚举，而无法在有限时间内找到问题的最优解，在枚举树的生成过程中，要研究运用分支优先策略，使搜索朝着较优的方向前进；要研究运用定界方法，判断分支的优劣，对于那些不能达到最优解的分支要及时舍去，避免进一步无谓的搜索，使算法仅在较小的可行解空间内搜索，以便能快速、高效地找到问题的最优解，

这就是分支定界方法的基本思想。

以图 4.1 所示的问题为例,不考虑任务操作方位等约束(将该问题退化为单边装配线平衡问题),运用表 4.1 中基于任务枚举的树生成策略,生成的枚举树如图 4.2 所示。

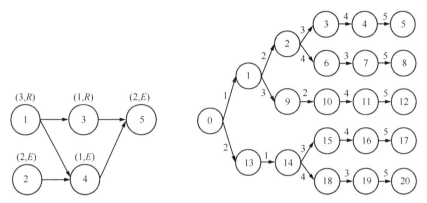

图 4.1 双边装配线平衡问题(5 个任务)   图 4.2 基于任务的枚举树(单边)

在图 4.2 中,圆圈内数字表示枚举树的生成顺序,箭头上数字表示枚举时所分配的任务。该问题经枚举后得到 5 个可行任务序列(平衡解)。

与单边装配线平衡一样,理论上双边装配线平衡也可用一条任务序列来表示,依次将任务分配到装配线左右两边的工位上,就可得到所求问题的任务分配方案。然而,由于双边装配线平衡中操作方位的约束和"序列相关"的特性,需要对任务序列的组成和任务序列的划分等方面进行相应的调整:

(1)在任务序列中元素值的组成上,π_i 值不能像在单边装配线平衡中,仅表示所要分配的任务,还应该包含该任务分配的方位信息,即 π_i 值由当前分配的任务和该任务所分配的方位两部分组成。因为在双边装配线平衡中,只知道任务的装配作业顺序,而不知道任务具体分配到装配线的哪一边,是无法确定任务的分配方案。

(2)在给任务序列进行划分时,过程也有所不同。首先,任务的分配需根据给定的方位信息,将任务分配到指定一边的工位上(方位为 L 时,分配到装配线左边的工位上;方位为 R 时,则分配到装配线右边的工位上);其次,要结合装配线当前"位置"左、右两边工位的分配状况,判断当前任务的分配是否会使某一边工位的完成时间超过节拍时间,来决定是否需要关闭当前"位置",开启下一个"位置"。而不是像单边装配线平衡中,凭工位上所分配任务的装配作业时间之和是否超过节拍时间,来确定是否需要启用新的工位。

另外,在枚举生成可行任务序列时,需要充分考虑 E 形任务的特点。对于 E 形任务来讲,它既可以被分配到装配线的左边,又可以被分配到装配线的右边。

为遍历 E 形任务左右两种分配的可能性，在枚举过程中碰到 E 形任务时，将其视为两个具有相同属性（作业时间、优先顺序关系约束），但具有不同操作方位的任务（L 形与 R 形）参与枚举，各自生成相应的分支（图 4.3 中节点 49 和 66，就是 E 形任务 2 的两种可能的分配）。

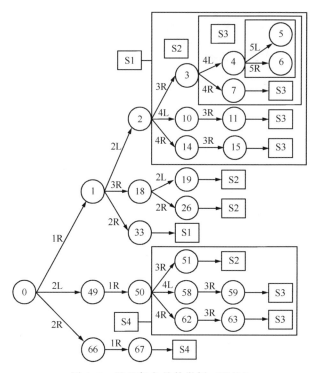

图 4.3　基于任务的枚举树（双边）

通过上述处理，运用表 4.1 中基于任务枚举的树生成策略，可生成双边装配线平衡所有可行的任务序列。以图 4.1 所示的双边装配线平衡问题为例，枚举生成的可行树如图 4.3 所示。图中，圆圈内数字表示枚举的顺序，箭头上数字和字母分别表示该次序所分配的任务和该任务分配的方位，如"节点 1"表示将"任务 1"分配到装配线右边（R）的工位上。为简便起见，在图中采用子集（"S1"等）进行简略表示，如对于"节点 50"和"节点 67"来讲，它们之后的分支内容一样，那么就可用子集"S4"来表示"节点 67"之后的内容。

从图 4.2 和图 4.3 可以看到，对于同一个平衡问题（图 4.1），采用单边和双边装配线平衡问题组织生产，所得可行任务分配方案的数量存在明显的差异。当采用单边装配线进行生产时，仅有 5 种不同的任务分配方案；而当运用双边装配线进行装配时，任务分配方案则增至 40 种（是单边装配线平衡的 8 倍）。而且，随着平衡问题中 E 形任务数量的增加，可行解的数量将呈指数方式增长。对于装配线平衡问题来讲，可行解空间越大，从中搜索最优解的过程就越困难。因此，同等规模下，双边装配线平衡复杂性要远胜于单边装配线平衡。

4.1.2　分支优先规则

从对图 4.1 所示的 5 个任务规模的双边装配线平衡问题的枚举结果可知，可行解空间十分庞大。为避免陷入完全枚举，使算法无法在较短时间内找到问题的最优解，需要在树的枚举过程中，根据问题性质和特点，对分支的创建顺序进行规划，优先生成具有潜在能达到较优解（或最优解）的分支，以便能快速找到平衡问题的最优解。

为此，本书研究、应用一系列启发式规则来判断分支节点的优先级，根据优先级的高低进行分配，具体过程如下：

假设当前层存在多个分支节点（即表示表 4.1 中的 LT 包含多个可分配的任务）。首先，根据节拍时间约束将这些任务分成两组：能分配到装配线当前"位置"的任务（AP）和不能分配到装配线当前"位置"的任务（NP）。AP 组中的任务优先级高于 NP 组中的任务。如果 AP（NP）中存在多个任务，则顺序运用以下一系列规则对任务的分支顺序进行排序。

（1）计算任务在装配线当前"位置"上的最早可开始装配时间，优先分配具有最小可开始时间的任务。

通过优先分配具有最小可开始时间的任务，可以减少"等待时间"的产生，从而使装配线当前"位置"能分配更多的任务，这将有助于得到具有较短装配线长度的平衡解。

（2）如果发生冲突，优先安排具有操作方位约束（L 或 R）的任务。

通过有意推迟 E 形任务的分配，可使其在后续分配过程中充分发挥左、右两边工位均可分配的特点，有助于使装配线左右两边工位的负荷更均衡，从而使所需装配线长度最短。

（3）如果发生冲突，优先分配具有最大"改进阶位权值"（adjusted ranked positional weight，ARPW）的任务。

最大"阶位权值"规则是 Helgeson[16] 于 1961 年提出，虽历经大半个世纪，但仍是装配线平衡中最简单、有效的启发式规则之一。在单边装配线平衡中，任务 i 的"阶位权值"（RPW_i）等于其所有后序任务作业时间的总和：

$$RPW_i = \sum t_j, j \in F_i^* \tag{4.1}$$

在双边装配线平衡中，对于"任务 i"而言，其不仅受后序任务的作业时间大小的影响，而且，还与后序任务中的操作类型相关。如果"任务 i"的后序任务中存在与它不兼容的任务（即不能分配到装配线同一侧的任务，假设"任务

i"的操作方位为 L，那么所有操作方位为 R 的任务就和它不兼容），为减少"任务 i"的分配对这些不兼容任务在伴随工位上分配的影响，应尽可能早地分配"任务 i"。

　　针对双边装配线平衡特点，本书提出一种"改进阶位权值"计算方法。对于"任务 i"来讲，它的"改进阶位权值"（$ARPW_i$）由两部分组成："任务 i"所有后序任务的作业时间之和及考虑不兼容任务数量的影响。对于"任务 i"来讲，其后续任务中存在一个不兼容的任务，就增加权值 M（M 值可设为平衡问题中所有任务的作业时间之和）。这可使那些任务，其后序中不兼容任务数量越多，"改进阶位权值"越大，从而能被优先处理。$ARPW_i$ 值的计算见式（4.2）。

$$ARPW_i = \sum t_j + k \cdot M \quad j \in F_i^* \tag{4.2}$$

式中，k 为"任务 i"后序中与其不兼容任务的数量。

　　（4）如果发生冲突，优先分配具有较大作业时间的任务。

　　在装配线平衡中，任务的装配作业时间越小，就越容易与其他任务进行组合，共享一个工位。因此，在平衡过程中，优先分配具有较大作业时间的任务，有意识将作业时间较少的任务延后分配，将会缓解剩余任务组合、分配的压力，有助于获得较优的平衡解。

　　（5）如果还发生冲突，则分两种情况来处理：①如果发生冲突（即优先级相等）的任务只有两个，且恰好为同一任务在不同方位的分配（这是为考虑 E 形任务左右可分性，而将该任务拆分、复制成两个具有相同优先顺序约束和作业时间等属性，但具有不同操作方位的任务参与枚举的结果，如对于 E 形"任务 2"，在分支时以"2L"和"2R"两个节点进行处理），则分别计算剩余未分配任务中，具有 L 形和 R 形操作方位约束任务的作业时间大小，优先选择分配任务到负荷较少的一边。也就是说，优先尝试将 E 形任务分配到 L 形或 R 形负荷较少的一边，使左右两边的负荷保持均衡增长，从而有利于获得较优的平衡解。②对于其他情况，随机选择一个任务进行分配。

4.1.3　简化与定界规则

　　在分支定界算法中，约简与定界规则的研究具有非常重要的作用。运用简化规则，可在枚举树的构造之前将平衡问题变得更加简洁、精炼，使在枚举过程中，减少不必要的搜索与判断；运用定界规则，能及时判断、去除那些不能生成最优解的分支，使搜索限制在较小的空间内朝着较优的方向前进，从而使算法能快速接近并达到最优解。

1. 任务时间增量规则

在给定节拍时间（CT）下，如果存在任务 $i(\in V)$ 不能与 V 中其他任务共享一个工位，那么任务 i 的作业时间（t_i）可被增大为节拍时间。这种任务作业时间的调整并不会改变问题的性质，然而它却将给平衡带来诸多的好处。首先，它将减少平衡时搜索、尝试的次数；其次，它有助于计算更加精确的平衡问题的下界值，以及相应的最大可用松弛时间等，从而增加定界的效率。

任务时间增量规则的实现方法如下：

（1）从平衡问题任务集 V 中找任务作业时间的最小值 $t_{\min}(= \min\{t_h\}\ h \in V)$；

（2）对于任务 i 来讲，如果 $t_i + t_{\min} >$ CT，则 t_i 值可增大为 CT。

基于任务集 V 中作业时间值（$t_{\min}$）来判断"任务 i"是否能与其他任务共享一个工位，需要逐个比较，效率不高。实际上，对于"任务 i"来讲，只需确定它的紧邻前序、紧邻后序和其他无优先顺序关系的任务（去除与任务 i 不兼容的任务 C_i）中不存在能和"任务 i"共享一个工位的任务，则 t_i 即可增大为节拍时间。因此，对于"任务 i"来讲，$t_{\min}$ 值可设为 $\min\{t_h\}(h \in ((V - F_i^* - P_i^*) + F_i + P_i - C_i)$。

2. 下界值规则

对于装配线平衡问题来讲，理论上存在一个目标下界值，平衡不可能找到比目标值更优的解。因此，在寻优过程中，如果能找到等于下界值的平衡解，即可视为找到所求问题的全局最优解。

在精确求解算法中，平衡下界值的研究一直吸引着众多研究人员的注意。因为，精确的下界值可以帮助平衡算法有效地判断、去除不能达到最优解的分支，使搜索限制在较小的空间内并朝着较优的方向前进；而粗略的下界值将削弱下界判断规则的作用，使算法消耗大量的时间花费在枚举搜索不能生成最优解的分支，这不仅增加了算法的计算时间，有时还将使算法陷入到完全枚举之中，从而无法在有限时间内获得问题的最优解。

对于双边装配线平衡问题来讲，平衡解由两部分组成：开启"位置"的数量和启用工位的数量。"位置"的数量对应于装配线的长度，而工位的数量则表示所需工人的数量。尽管双边装配线上每个"位置"都拥有左右两个工位，但是，由于优先顺序关系和操作方位等约束，以及出于节约成本等考虑，平衡中不必全部启用装配线两边所有的工位。因此，工位数量并不一定等于"位置"数量的两倍，需要综合考虑"位置"和工位的数量。因此，对于双边装配线第一类平衡问题来讲，其目标下界值可设计为（LB_p，LB_s）。其中，LB_p 和 LB_s 分别表示"位置"数量和工位数量。

针对双边装配线平衡的特点，本书提出多种下界值计算方法，包括：

1）装箱容量下界

不考虑任务之间的优先顺序约束，装配线平衡问题可松弛为装箱问题。根据装箱问题容量下界的计算方法，可分别得到 L 形和 R 形任务理论上所需的最少工位数量 S_L 和 S_R（式（4.3）和式（4.4））。

对于 E 形任务，首先将它们分配到 S_L 和 S_R 工位中分配 L 形与 R 形任务之后剩余的空间内，然后运用类似的方法，可得到 E 形任务所需开启的工位数量 S_E（式（4.5））。

那么，对于平衡问题 V 来讲，工位数量的下界值（LB_{sl}）就等于各类型任务所需启用工位数量的总和（式（4.6））；"位置"数量的下界值（LB_{pl}）为 L 边和 R 边工位数量之间的较大者，再加上为 E 形任务所准备的"位置"数量（式（4.7））。

$$S_L = \lceil T_{SumL}/CT \rceil \tag{4.3}$$

$$S_R = \lceil T_{SumR}/CT \rceil \tag{4.4}$$

$$S_E = \lceil \max((T_{Sum} - (S_L + S_R) \cdot CT),\ 0)/CT \rceil \tag{4.5}$$

$$LB_{sl} = S_L + S_R + S_E \tag{4.6}$$

$$LB_{pl} = \max(S_L,\ S_R) + \lceil \max(S_E - |\ S_L - S_R\ |,\ 0)/2 \rceil \tag{4.7}$$

式中，T_{Sum}、T_{SumL} 和 T_{SumR} 分别为平衡问题 V 中所有任务；T_{Sum} 为所有 L 形任务和所有 R 形任务作业时间的之和。

2）基于任务作业时间的下界

对于任务 $i(\in V)$ 来说，其所需工位的份额可通过任务作业时间（t_i）与 CT 的比值来判断，通常可分为三种情况来处理：

（1）当 $t_i \geqslant (2 \cdot CT/3)$ 时，可认为任务 i 需单独占用一个工位；

（2）当 $t_i \in ((CT/3),\ (2 \cdot CT/3))$ 时，两个该类型的任务可以共享一个工位，因此，假设任务 i 需要 0.5 个工位；

（3）当 $t_i = (CT/3)$ 或（$2 \cdot CT/3$）时，任务 i 需要 1/3 或 2/3 个工位。

那么，可通过式（4.8）计算任务集 V 中各类型任务所需工位的数量（S_w）（$w \in (L,\ R,\ E)$），S_w 值不一定为整数。运用式（4.9）对 S_w 值进行处理后得到各类型任务所需开启工位的数量 S_w。根据式（4.6）和式（4.7），即可得到基于任务作业时间的平衡下界值（LB_{s2}，LB_{p2}）。

$$S'_w = N_w\left(\frac{2}{3}CT,\ CT\right) + \frac{1}{2}N_w\left(\frac{1}{3}CT,\ \frac{2}{3}CT\right) + \frac{2}{3}N_w\left[\frac{2}{3}CT\right] + \frac{1}{3}N_w\left[\frac{1}{3}CT\right] \tag{4.8}$$

$$S_L = \lceil S'_L \rceil,\ S_R = \lceil S'_R \rceil,\ S_E = \max(\lceil S'_E - (S_L - S'_L) - (S_R - S'_R) \rceil,\ 0) \tag{4.9}$$

式中，$N_w(a, b)$、$N_w(a, b]$ 与 $N_w[a]$ 分别为任务集 V 中操作类型为 w 且作业时间大小满足 $t_i \in (a, b)$、$t_i \in (a, b]$ 和 $t_i = a$ 的任务个数。

3）基于最早与最晚可开始位置的下界

在双边装配线平衡中，在开始任务 $i(\in V)$ 的装配之前，任务 i 的所有前序任务 (P_i^*) 都应该完成。因此，对于任务 i 来讲，它要在一定的工作量 (a_i) 被完成之后才能开始装配。相应地，当完成任务 i 的装配后，至少还有它的所有后序任务 (F_i^*) 有待于装配，即至少还有 n_i 的工作需要完成。a_i 和 n_i 值的计算见式（4.10）和式（4.11）。

$$a_i = \frac{1}{2} \sum_j p_j\, j \in P_i^* \tag{4.10}$$

$$n_i = \frac{1}{2} \sum_j p_j\, j \in F_i^* \tag{4.11}$$

式中，$p_j = t_j / \mathrm{CT}$ 为任务 j 所占工位的份额。

假定装配线的长度（"位置"数量）为 $\hat{p}$，对任务 $i(\in V)$ 来讲，存在一个最早可开始分配的"位置"（EP_i）（式（4.12）），最晚必须开始的"位置"（$\mathrm{LP}_i(\hat{p})$）（式（4.13））。假如平衡问题存在 $\hat{p}$ 个"位置"的可行解，那么对于任务 $i(\in V)$ 而言，EP_i 一定小于等于 $\mathrm{LP}_i(\hat{p})$。

$$\mathrm{EP}_i = \begin{cases} a_i & \text{if } (a_i + p_i) \leqslant \lceil a_i \rceil \\ \lceil a_i \rceil & \text{else} \end{cases} \tag{4.12}$$

$$\mathrm{LP}_i(\hat{p}) = \begin{cases} \hat{p} + 1 - (n_i + p_i) & \text{if } (n_i + p_i) \leqslant \lceil n_i \rceil \\ \hat{p} + 1 - (\lceil n_i \rceil + p_i) & \text{else} \end{cases} \tag{4.13}$$

从 $\hat{p}(=1)$ 出发，计算、比较任务 i 的 EP_i 和 $\mathrm{LP}_i(\hat{p})$ 值，直至对所有任务而言，EP_i 都小于等于 $\mathrm{LP}_i(\hat{p})$。那么，$\hat{p}$ 值即为平衡问题中"位置"数量的下界值（LB_{p3}）。为减少计算量，通常令 $\hat{p}$ 为其他下界计算方法所得的"位置"数量下界值（如 LB_{p1} 和 LB_{p2} 等），并从该值开始检验。

基于最早可开始的"位置"和最晚必须开始的"位置"的下界值计算方法是通过反向验证的方式，期望得到更精确的"位置"数量的下界值。然而，该方法并不能改善工位数量的下界值。可设 LB_{s3} 值为其他下界计算方法中的下界值。

3. 最大可用松弛时间规则

根据 Bartholdi[6] 研究表明，双边装配线中一个"位置"（左右两边工位）上所分配的任务，一定可以安排到不超过连续 3 个工位的单边装配线上。这也就是说，在双边装配线平衡中，没有必要搜寻一个超过两个"位置"只启用一边工位的平衡解，因为我们可以找到装配线长度更短的平衡解。

因此，针对得到双边装配线平衡的可行解（UB_p，UB_s）来讲，比它要优的期望解（E_p，E_s）可按式（4.14）所设。

$$\begin{cases} E_p = (UB_p - 1), \ E_s = 2E_p & \text{如果}(\lceil UB_s/2 \rceil \neq UB_p) \\ E_p = \lceil E_s/2 \rceil, \ E_s = (UB_s - 1) & \text{其他情况} \end{cases} \tag{4.14}$$

对于期望的较优解（E_p，E_s），存在一个理论上最大可用松弛时间 MST（maximal slack time，见式（4.15））。在解搜索过程中，如果一个分支所需的松弛时间超过 MST 值，无论后续任务怎样分配，生成的可行解都将比（E_p，E_s）差。因此，可截去该分支，避免进一步无效的枚举，减少搜索的工位量。

$$MST = E_s \cdot CT - T_{Sum} \tag{4.15}$$

4. 可行集支配规则

在树枚举过程中，假定存在两个分支：B_1，包含分配的任务集为 T_1，要求开启 N_1 个"位置"，启用 M_1 个工位；B_2，包含分配的任务集为 T_2，要求开启 N_2 个"位置"，启用 M_2 个工位。如果对这两个分支来讲，满足式（4.16）约束条件，那么，B_2 将受限于 B_1，在枚举时可以舍去，反之亦然。这是因为，B_2 分支对应的任务分配方案将少于或等于 B_1 分支所包含的任务，却分配到比 B_1 分支所需更多"位置"或工位数量的装配线上。

$$\begin{cases} T_2 \subseteq T_1 & \text{if} \quad N_2 > N_1 \\ T_2 \subseteq T_1 \ \&\& \ M_2 \geqslant M_1 & \text{if} \quad N_2 = N_1 \end{cases} \tag{4.16}$$

Schrage 和 Baker[9] 提出一种标签方案（labeling scheme）为每个可行任务集分配一个唯一的标签值。基于标签值，可记录、更新各个可行任务集的最佳分配方案，对于枚举中出现同一可行任务集，但不能产生更优的分配方案的分支，可直接截去而不必进行后续的搜索。

4.1.4　算法的完整描述

基于任务枚举的双边装配线平衡分支定界算法，就是通过本章 4.1.1 节中所提出的树枚举策略生成平衡问题所有的可行解，而且为避免陷入完全枚举而无法在有限的时间内找到问题的最优解，在枚举过程中，运用分支优先规则对同一层中分支的创建顺序进行规划，优先搜索具有潜在较佳性能的分支，使搜索朝较优的方向前进；通过定界方法判断和截去次优或较劣的分支，使算法能快速接近并达到最优解。

算法的详细步骤如下：

（1）读入平衡问题 V 中各项数据，如作业时间 t_i，操作方位 d_i 及优先关系

(P_i, F_i) 等；虚构树的根结点，并初始化相关变量。

（2）运用 4.1.3 节中的任务时间增量规则，对 V 中所有任务的作业时间进行增量处理。

（3）运用 4.1.3 节提出的下界计算方法，计算问题的下界值 $(\mathrm{LB_p}, \mathrm{LB_s})$；通过启发式方法得到一个平衡上界值 $(\mathrm{UB_p}, \mathrm{UB_s})$（或是直接令 $\mathrm{UB_p}$ 为 n，$\mathrm{UB_s}$ 为 $2n$），通过式（4.15）和式（4.16）确定当前期望的较优解 (E_p, E_s)，以及对应的最大可用松弛时间 MST。

（4）运用本章 4.1.1 节中提出的基于任务枚举的树生成策略（表 4.1），生成所有可行任务序列。在树的枚举过程中，运用下述方法来选择与控制分支节点的生成：

①在枚举树生成方法（表 4.1）步骤 11 中，对当前层中各分支节点的遍历顺序，运用 4.1.2 节提出的分支优先规则进行排序，按顺序生成各分支节点；

②在枚举树生成方法（表 4.1）步骤 12 中，在创建分支节点之前，运用最大松弛时间规则对当前分支的性能进行判断。如果当前分支所需的松弛时间超过 MST，则可截去当前分支（即停止生成该分支后续节点），转而搜索当前层的其他支节点；

③在枚举树生成方法（表 4.1）步骤 12 中，当该分支节点的生成需要将任务分配到下一个位置时，可运用下述条件来判断、控制节点的生成：首先，运用可行集支配规则，如果当前分支受限于已遍历过的其他分支，截去当前分支；其次，利用 4.1.3 节中下界值计算方法来获得剩余未分配任务的平衡下界值，如果已分配任务所需"位置"和工位的数量与未分配任务的平衡下界值之和超过期望较优解 (E_p, E_s)，截去当前分支；

④在枚举树生成方法（表 4.1）步骤 6 中，当生成一个完整的分支时（即得到一个平衡解），判断当前解是否等于平衡的下界值 $(\mathrm{LB_p}, \mathrm{LB_s})$，如果相等，表示找到问题的全局最优解，终止程序、退出；反之，更新平衡的上界值 $(\mathrm{UB_p}, \mathrm{UB_s})$（如果当前解优于 $(\mathrm{UB_p}, \mathrm{UB_s})$，令当前解为新的平衡上界值），更新期望解 (E_p, E_s) 和最大可用松弛时间 MST，继续搜索。

4.1.5　应用案例

通过对目前公开发表的 P9、P12、P16、P24、P65 与 P148 问题的求解，来验证本书所提出的基于任务枚举的分支定界算法的性能。

问题来源与处理：P9、P12 与 P24 取自于文献 [17]；P16 与 P65 取自于文献 [18]；P148 取自于文献 [6]。其中 P65、P148 分别来源于实际的卡车、汽车双边装配线生产实例。为便于研究与比较，按照文献 [8，18，19] 中的处理方法，将 P148 问题中任务 79 与任务 108 的作业时间分别从原来的 281 与 383 减少为 111 和 43（如无明确说明，下文中出现的 P148 问题也同样经过处理）。

在 VC 6.0 环境下，实现基于任务枚举的分支定界平衡算法。在 Windows XP、P4 2.0G、256M 的运行环境，对上述问题进行求解，结果如表 4.2 所示。表中：解的表达形式为 np [ns]，其中 np 为开启"位置"的数量，ns 为启用工位的数量；Group 项与 ACO 项分别为"组分配"算法[18]与蚁群算法[19]计算所得的平衡解。由于"组分配"算法和蚁群算法都只给出平衡所需的工位数量，而未给出对应的"位置"数量。因此，假定对于这些平衡解来讲，装配线上所有工位是连续分配（即装配线中不存在只开启一边工位的情形），那么，装配线最少所需的"位置"数量等于工位数量除 2 并取整。如平衡需要启用 11 个工位，则装配线上至少需要 6 个"位置"（如无明确说明，下文中出现的"组分配"算法和蚁群算法所得平衡解的处理方式相同）。

针对这 6 个平衡问题，基于任务枚举的分支定界平衡算法共实现了 25 种不同节拍时间下的最优化。其中，问题 P24（CT＝35）、P65（CT＝381 与 490）和 P148（CT＝408），都是首次得到问题的最优解。

从表 4.2 所示的平衡结果来看，基于任务枚举的分支定界平衡算法的运行性能和平衡问题自身的特性密切相关，分析如下：

表 4.2　算例的解（基于任务的分支定界平衡算法）

问题	节拍 (CT)	下界值 (LB)	MST (LB)	Group	ACO	CPU 时间/s	B&B (任务)	CPU 时间/s
P9	3	3 [6]	1	—	3 [6]	<1	3 [6]	<0.001
	4	3 [5]	3	—	3 [5]	<1	3 [5]	<0.001
	5	2 [4]	3	—	2 [4]	<1	2 [4]	<0.001
	6	2 [3]	1	—	2 [3]	<1	2 [3]	<0.001
P12	4	4 [7]	3	—	—	—	4 [7]	0.010
	5	3 [5]	0	—	3 [6]	<1	3 [6]	0.210
	6	3 [5]	5	—	3 [5]	<1	3 [5]	0.010
	7	2 [4]	3	—	2 [4]	<1	2 [4]	0.001
P16	15	3 [6]	8	—	—	—	4 [7]	0.121
	18	3 [5]	8	—	—	—	3 [6]	0.100
	20	3 [5]	18	—	—	—	3 [5]	4.756
	22	2 [4]	6	2 [4]	—	—	2 [4]	0.161

问题	节拍 （CT）	下界值 （LB）	MST （LB）	Group	ACO	CPU 时间/s	B&B （任务）	CPU 时 间/s
P24	25	3 [6]	10	—	3 [6]	<1	3 [6]	0.130
	30	3 [5]	10	—	3 [5]	<1	3 [5]	0.010
	35	2 [4]	0	—	3 [5]	<1	2 [4]	21.010
	40	2 [4]	20	—	2 [4]	<1	2 [4]	0.010
P65	381	7 [14]	235	8 [15]	8 [15]	<1	7 [14]	0.047
	490	6 [11]	291	6 [12]	6 [12]	<1	6 [11]	2.187
	544	5 [10]	341	5 [10]	5 [10]	2.48	5 [10]	5.230
P148	204	13 [26]	180	14 [27]	13 [26]	4.39	13 [26]	3.235
	255	11 [21]	231	11 [21]	11 [21]	15.64	11 [21]	11.063
	357	8 [15]	231	8 [15]	8 [15]	3.78	8 [15]	68.152
	408	7 [13]	180	7 [14]	7 [14]	2.19	7 [13]	35.014
	459	6 [12]	384	7 [13]	6 [12]	180.76	6 [12]	9.703
	510	6 [11]	486	6 [11]	6 [11]	15.05	6 [11]	10.657

注："—"表示 Group 或 ACO 算法未给出该问题的平衡解。

1）任务规模大小

对于平衡问题来讲，可行解数量随着任务规模的增加将呈指数方式增长。一般来讲，解空间越大，从中寻找最优解的难度也将增大，在某些情况下，甚至难以在有限的时间内找到平衡问题的最优解。

2）最大可用松弛时间大小

对于每一个装配线平衡问题来讲，存在一个下界值。针对该下界值，对应有一个最大的可用松弛时间（MST）。MST 值大小直接影响平衡的复杂性，当MST 接近或等于 0 时，要求平衡解中各个工位的负荷十分均衡且接近节拍时间，这对平衡提出了很高的要求。在传统单边装配线平衡中，称 MST 值接近或等于0 的问题为"困难"问题（difficulty problem）[20]。对于此类问题，精确求解算法往往难以处理。在双边装配线平衡中，针对"困难"问题，算法表现出同样的特性，求解变得十分困难。如表 4.2 中的 P24 问题，当 CT＝35 时（MST＝0）时，平衡所耗费的时间明显要多于其他节拍下的时间。

3）启用工位的数量

对于双边装配线平衡问题来讲，最优解存在两种情形：一种为最优解中启用的工位数量等于"位置"数量的两倍，即装配线上左右两边工位全部开启；另一种为最优解中启用的工位数量不等于"位置"数量的两倍，即装配线上某些"位置"只启用一边的工位。

与一般贪婪算法一样,基于任务枚举的分支定界算法在搜索过程中,总是尝试将尽可能多的任务分配到装配线的各个"位置"上,使每个"位置"左右两边工位尽可能满负荷。因此,当所求平衡问题的最优解需要启用装配线两边所有工位时,该算法表现较佳;而当所求平衡问题的最优解中,装配线某些"位置"只启用一边工位时,寻优的难度较大。因为该算法总是尝试将任务尽可能均匀地分配到装配线的两边。因此,当最优解中不开启的工位位于装配线的前部时,回溯的工作量巨大,在有限的时间内,往往无法找到平衡问题的最优解。

4.2 基于工位枚举的分支定界平衡算法

针对公开发表的大多数平衡问题,基于任务枚举的分支定界算法表现出较好的性能。然而,对于那些问题,其最优解不需要开启装配线左右两边所有工位(即某些"位置"只启用一边的工位),该算法的表现往往较差。如果采用基于"工位"的枚举,直接尝试让一个(或多个)工位保持为空,可有效地减少搜索的空间,提高搜索的效率。

在单边装配线平衡中,Hoffmann[2]、Scholl 和 Klein[4]等均采用基于工位枚举的分支定界算法来平衡装配线,并取得良好的效果。根据 Scholl 和 Becker[12]研究表明,在大多数情况下,基于工位枚举的分支定界算法要比基于任务枚举的分支定界算法的性能更好。

基于工位枚举方法的核心问题就是如何生成所有可行的工位解。在单边装配线平衡中,工位解的枚举比较容易实现。基于任务之间的优先顺序关系,不断将无前序或是前序均已被安排的任务分配到工位上,直至工位负荷(等于工位上所分配任务的作业时间之和)达到节拍时间上限为止,即可生成所有可行的工位分配方案,然后可基于所得工位解进行枚举。

然而,在双边装配线平衡中,一个"位置"左右两边工位上任务的安排是相互关联、相互制约的。左、右工位上所分配的任务可通过优先顺序关系约束相互作用,产生"等待"时间(一边工位上的任务 i 要等另一边工位上的任务 j ($j \in p_i$)完成之后才能开始),因而,工位负荷不再等于工位上所分配任务的作业时间简单累加。而且,任务分配还要满足操作方位约束,这些都无法直接基于任务之间的优先顺序关系来枚举工位的任务分配方案。

针对双边装配线平衡的特点,本书研究提出一种基于"时间传递函数"的任务分配方法来实现工位解的枚举,进而实现基于工位枚举的分支定界算法。

4.2.1　基于"时间传递函数"的工位解生成方法

1. 时间传递函数

在平衡过程中，对于未分配任务 i 来讲，其在当前"位置"（p）上存在一个理论上最早可开始装配的时间（EST_i，earliest start time）与最晚必须开始时间（LST_i，latest start time）（如果任务 i 可以在 p "位置"被装配）。

其中，EST_i 值可由式（4.17）而得

$$EST_i = \begin{cases} \max\limits_{j}(EST_j + t_j) & j \in P'_i \\ 0 & P'_i = \varnothing \end{cases} \qquad (4.17)$$

式中，P'_i 为任务 i 所有未分配紧邻前序任务集。

当 P'_i 为空，表示任务 i 所有前序任务均已被分配，那么在当前"位置"中，任务 i 最早可以从 0 时刻开始装配。反之，任务 i 的最早可开始时间由它未分配前序任务的最早可完成时间的最大值而定。

对于任务 i 来讲，如果 EST_i 与 t_i 之和大于节拍时间 CT，那么它肯定不能被分配到当前"位置"上。为简便起见，可直接令任务 i 和它所有后序任务在当前"位置"上的最早可开始时间为（CT+1）；反之，则表示任务 i 理论上可以被安排在当前"位置"上。根据任务最早可完成时间（$EST_i + t_i$）和节拍时间大小的关系，可得所有潜在能分配到装配线当前"位置"（p）的任务集（PS_p）。

对于所有能分配 p "位置"的任务 $i \in PS_p$ 来讲，最晚必须开始装配的时间（LST_i）可由式（4.18）而得

$$LST_i = \begin{cases} \min\limits_{j}(LST_j) - t_i & j \in S'_i \\ CT - t_i & S'_i = \varnothing \end{cases} \qquad (4.18)$$

式中，S'_i 为任务 i 所有分配在当前"位置"的后序任务集。

当 S'_i 为空时，表示任务 i 无后序任务分配到当前"位置"，任务 i 只需在节拍结束之前完成即可；反之，LST_i 值等于任务 i 后序任务中最晚必须开始时间的较小者。

在开始分配任务到 p "位置"时，该"位置"为空。因此，对于所有可分配到当前"位置"的任务 $i \in PS_p$ 来讲，理论上只需在节拍结束之前完成即可。因此，LST_i 的初始值可按式（4.19）进行设置。

$$LST_i = CT - t_i \qquad (4.19)$$

2. 工位解的生成

在双边装配线中，任务分配存在操作方位约束和"序列相关"的平衡特性，

使得无法像单边装配线平衡中，简单地依靠任务之间的优先顺序关系来枚举生成所有可行的工位解。

为此，本书间接利用任务之间的优先顺序关系，提出基于"时间传递函数"任务分配方法，来枚举所有可能的工位安排。具体过程如下：

首先，根据式（4.17）计算所有未分配任务在当前"位置"的最早可开始时间。根据任务的最早可完成时间（$EST_i + t_i$）和节拍时间大小的关系，确定所有可分配到当前"位置"的任务集（PS_p）。再根据任务的操作方位属性，从中选出能分配到当前"位置"$w = L$ 或 R 边工位的所有任务（$PS_{(p,w)}$）。

其次，从 $T = 0$ 时刻开始，根据任务的最早可开始时间大小（EST_i），选择任务分配到 w 工位中。每次分配一个任务后，利用时间传递函数（式（4.18）和式（4.19））及时更新剩余未分配任务的最早可开始时间与最晚必须开始时间，保持任务之间的优先顺序关系约束。如此重复，即可枚举生成所有可能的 w 边工位解（$APS_{(p,w)}$）。然后，针对每一个 w 边工位解，运用类似方法，生成其伴随工位（$\overline{w}$ 边工位）所有可能的分配方案（$APS_{(p,\overline{w})}$）。$APS_{(p,w)}$ 与 $APS_{(p,\overline{w})}$ 构成"位置"p 的一组平衡解。

基于时间传递函数的工位解生成过程的详细步骤描述如下：

1）p "位置" w 边工位解的生成

（1）根据式（4.20），得到所有可分配到 w 边的任务（$PS_{(p,w)}$）。

$$PS_{(p,w)} = \{i \mid d_i = (w \text{ or } E), i \in PS_p\} \tag{4.20}$$

（2）令 w 边工位上开始作业的时间 $T = 0$。

（3）利用式（4.21），找出所有可在 T 时刻被分配的任务 TS。

$$TS = \{i \mid EST_i \leqslant T \leqslant LST_i, i \in PS_{(p,w)}\} \tag{4.21}$$

（4）如果 $TS \neq \varnothing$，转到步骤（5）；否则，$T = T + 1$，判断 $T \geqslant CT$：如成立，转到步骤（7），反之，转到步骤（3）。

（5）从 TS 中任选一个任务 j 分配到当前工位上，更新任务的最早可开始时间与最晚需开始时间：① 如果 $EST_j < T$，令 $EST_j = T$，前向递归调用式（4.17），更新任务 j 在 PS_p 中所有未分配后序任务的最早可开始时间；② 如果 $LST_j > T$，则令 $LST_j = T$，后向递归调用式（4.18），更新任务 j 在 PS_p 中所有未分配前序任务的最晚需开始时间。

（6）$T = T + t_j$，转到步骤（3）。

（7）找到位置 p 上 w 边的一个工位解（$APS_{(p,w)}$）。

2）p "位置" $\overline{w}$ 边工位解的生成

w 与 $\overline{w}$ 工位为"位置"p 的一对伴随工位，当 w 为 L 时，$\overline{w}$ 为 R，反之亦然。$\overline{w}$ 边工位解的生成过程与 w 边工位基本相同。但是，由于双边装配线平衡中，一个"位置"左右两边工位上所分配的任务将通过优先顺序关系约束相互关联、相互制约。因此，在进行 $\overline{w}$ 工位上任务的安排时，要考虑 w 边已分配任务的影响。故应该根据需要，动态调整 w 边工位上任务的开始装配时间，以配合 $\overline{w}$ 工位上任务的安排。

$\overline{w}$ 与 w 边工位之间的具体区别解释如下：

（1）在步骤（1）中，确定 $\overline{w}$ 边可分配任务（$PS_{(p, w)}$）时，除了要满足任务的操作方位约束之外，还要去除所有已分配到 w 工位上的任务：

$$PS_{(p, \overline{w})} = \{i \mid d_i = (\overline{w} \text{ or } E), \ i \in (PS_p - APS_{(p, w)})\} \tag{4.22}$$

（2）在步骤（3）中，获取 T 时刻可分配任务集（TS）的判断条件要进行调整，因为需要考虑伴随工位（w）上任务的安排对当前工位上任务分配的影响。调整后约束条件如式（4.23）所示。

$$\begin{cases} EST_i \leqslant T \leqslant LST_i + \Delta t & \text{if} \quad LST_i \neq (CT - t_i) \\ EST_i \leqslant T \leqslant LST_i & \text{else} \end{cases} \tag{4.23}$$

式中，$LST_i \neq CT - t_i$ 为 LST_i 的初始值已被更新，这表示在 w 边工位上一定存在任务 i 的后序任务。因此，需考虑 w 边上任务 i 后序任务的安排对任务 i 在当前工位上分配的影响；Δt 为 w 工位上（$T + t_i$）之后空闲时间的大小。

如果不考虑伴随工位上任务安排对当前工位任务分配的影响，可能将原本可行的分配误认为是不可行而将其忽略，从而造成枚举的空间不完整。

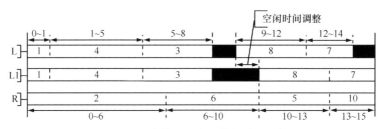

图 4.4　一个位置左右工位的分配示例

以 P10 的问题为例，当 CT＝15 时，运用本节提出的分配方法，可得一个左边（w 边）的工位解为 {1，4，3，8，7}，任务在工位上的开始和完成时间如图 4.4 中 L 所示。针对得到的左边工位解，在进行其伴随工位（右边）上任务的安排时，如果不考虑左边工位上空闲时间分配的作用，将得不到原本可行的工位解 {2，6，5，10}。因为，在左边工位上现有的分配情况下，任务 6 不能成功地被安排到右边工位上（任务 6 不能在它后序任务 8 开始之前完成（10＞9））。然而，通过调整左边工位上相应任务的开始装配时间（即调整工位上空闲时间的安排），将使任务 6 的分配变得可行。调整后，"位置"上左右两边工位上任务的分配如图 4.4 中 L1 与 R 所示。

（3）由于 T 时刻任务的分配可能需要对伴随工位上空闲时间的安排进行重新调整。因此，在步骤（5）中，需增加对此的判断，并根据需要对伴随工位上空闲时间的安排进行调整。

通过式（4.24）计算伴随工位上空闲时间的调整量（δ_t）。如果 δ_t 等于 0，表示当前任务 j 的安排与伴随工位上任务的分配无关。反之，则需要对伴随工位上空闲时间的安排进行调整，具体如下：

$$\delta_t = \max(0, (T - LST_j)) \tag{4.24}$$

首先，从 w 边工位中找到任务 j 的装配时间最早的后序任务 h。将任务 h 在 w 边工位上的开始作业时间延后 δ_t 个单位。如果在 w 边工位上，任务 h 与它后面紧挨的任务 g 之间存在 $\delta_{h,g}$ 个单位空闲时间，则任务 h 的延后装配将释放出 $\delta'_t (= \max(0, \delta_{h,g} - \delta_t))$ 个单位空闲时间。

接着，顺延 w 边工位上 h 之后的任务 g 的装配开始时间。与任务 h 不同，任务 g 只需延后（$\delta_t - \delta'_t$）个单位时间即可。计算任务 g 的延后装配将释放的空间时间。并继续进行后续任务的操作，直至释放出 δ_t 个单位空闲时间为止。

以图 4.4 中右边工位上任务 6 的安排为例，要想成功将任务 6 分配到右边工位上，则需要调整左边工位上 $\delta_t = 1$ 个单位空闲时间的安排，调整过程如下：

先要在左边工位上找任务 6 的开始装配时间最早的后序列任务 $h = 8$，将任务 8 的开始装配时间推迟 δ_t 个单位时间，即令 $EST_s = EST_s + \delta_t$。由于任务 8 与紧挨的后续任务 7 之间不存在空闲时间（$\delta_{8,7}$ 等于 0）。那么，直接将任务 7 的装配时间延后 1 个单位时间。由于任务 7 开始时间的推迟恰好释放出 1 个单位空闲时间，结束 w 边工位的调整，将任务 6 分配到右边工位上。

（4）在步骤（7）中，得到位置 p 上 $\overline{w}$ 边的工位解为 $APS_{(p,w)}$。

3）"位置"解可行性的判断

在单边装配线平衡中，基于任务之间的优先顺序关系枚举生成的工位解，一定是可行的（满足优先顺序关系约束和节拍时间约束）。然而，在双边装配线平衡中，由基于"时间传递函数"生成的工位解组合成的"位置"解却不能保证一定是可行的。基于该方法所得的"位置"解，既包含所有可行的"位置"解，也包含一些不可行的"位置"解。因此，需进行可行性的判断，舍去不可行的安排。

不可行解的产生是因为 EST_i 值是基于任务优先顺序关系图的关键路径而得。因此，根据 EST_i 值进行分配，并不能保证任务 i 的所有前序任务均已被分配。因此，对于平衡问题来讲，如果优先顺序关系图中任务节点的入度越高，基于"时间传递函数"枚举所得的不可行"位置"解的概率越高。

4.2.2　基于"时间传递函数"分配的案例分析

以图 1.1 所示的任务集为例，给定节拍 CT＝15，运用 4.3.1 节提出的基于"时间传递函数"的工位解生成方法，来平衡双边装配线，过程如下。

从无前序的任务出发，前向递归调用式（4.17），计算各个任务在当前"位置"（$p＝1$）的最早可开始时间（EST_i）。将（$EST_i＋t_i$）值和节拍时间进行比较，找出所有可分配到当前"位置"的任务（（$PS_1＝\{1，2，\cdots，10\}$））。运用式（4.19）对 PS_1 中任务的最晚必须开始时间（LST_i）进行初始化，结果如表 4.3 所示。

表 4.3　任务的最早可开始与最晚需开始时间

任务	作业时间	操作方位	最早可开始时间	最晚必须开始时间
1	1	L	0	14
2	6	R	0	9
3	3	L	1	12
4	4	L	1	11
5	3	E	6	12
6	4	E	5	11
7	2	E	9	13
8	3	E	9	12
9	5	E	11	10
10	3	E	12	12

不失一般性，可以先构造当前"位置"左边的工位解，然后再生成当前"位置"右边的工位解，即令 $w＝L(\overline{w}＝R)$。

先要通过式（4.20）获得所有可分配到当前"位置"左边工位上的任务集 $PS_{1,L}＝\{1，3，4，5，6，7，8，9，10\}$。

令当前工位的开始分配时间（T）等于 0，根据式（4.21）得到 T 时刻可装配的任务 TS＝$\{1\}$。

将"任务 1"分配到当前工位上，令"任务 1"的 EST_i 和 LST_i 值等于 T，并运用时间传递函数更新"任务 1"的紧邻后序任务的最早可开始时间和紧邻前序任务的最晚必须开始时间。

更新 T 值（＝$T＋t_1$＝1），运用同样的方法得到 TS 为 $\{3，4\}$。随机选择一个任务（如"任务 4"）分配到工位上，并进行相应的更新。如此重复，可得一个左边工位的平衡解（$APS_{(1,L)}$）为 $\{1，4，3，8，7\}$，如图 4.4 中 L 所示。

针对得到的左边工位解（$APS_{(1,L)}$），运用类似方法可得其伴随工位（右边）

的任务分配方案，过程如下：

先要根据式（4.22）获得所有能分配到当前"位置"右边工位上的任务 $PS_{(1,w)} = \{2，5，6，9，10\}$。

令右边工位的开始装配时间 T 等于 0，根据式（4.23）得到 T 时刻可装配的任务 $TS = \{2\}$。将"任务 2"分配到当前工位上，并更新相应任务的最早可开始时间与最晚必须开始时间。

更新 T 值（$= T + t_2 = 6$），运用同样的方法获得 T 时刻可分配任务 $TS = \{5，6\}$。随机选择一个任务（如"任务 6"）分配到当前工位。"任务 6"的分配需要调整伴随工位上相关任务的安排，具体过程为：首先，根据式（4.24）计算空间时间调整量 $\delta_t = 1$；然后，找出左边工位中"任务 6"的装配作业最早的后序"任务 8"，将"任务 8"的开始时间推迟 1 个单位时间。"任务 8"开始时间的延后并未释放出空闲时间，因此继续将紧挨"任务 8"的后续任务 7 的开始装配时间延后 1 个单位时间。由于"任务 7"的延迟恰好释放出 1 个单位空闲时间，结束左边工位上任务的调整。

更新 T 值，继续分配任务到当前工位上，可得当前"位置"一个右边工位的平衡解（$APS_{(1,L)}$）为 $\{2，6，5，10\}$。

至此，得到一个完整的"位置"解，左、右工位上任务的分配如图 4.4 中 L1 和 R 所示。在继续搜索下一个"位置"解的安排之前，需要对当前"位置"解的可行性进行判断，看是否满足优先顺序关系约束。即对分配到当前"位置"上的任务（i）来讲，看它的所有前序任务是否都已被分配（分配到当前或之前的"位置"中）。经过验证，这次分配得到的"位置"解是可行的。

$p = p + 1$，运用同样的方法将剩余未分配的任务安排到后续"位置"中（略）。

4.2.3　基于工位枚举的树生成策略

与 Eureka[2]、Salome[4] 等单边装配线平衡中基于工位枚举的分支定界平衡算法类似，从树根结点出发，依次枚举装配线上各个"位置"左右工位解，最终生成包含所有可行解的枚举树，从中找到问题的最优解。

然而，与单边装配线平衡有所不同，在生成双边装配线平衡的枚举树时，需考虑以下一些特点：

（1）在双边装配线平衡中，由于任务操作方位、优先顺序关系等约束的影响，或是出于成本等因素考虑，在装配线长度（"位置"数量）一定的情况下，可以不必全部启用装配线左右两边的工位，即可以令某些工位保持为空（不分配任何任务）。因此，在枚举树的构造过程中，需有意识地考虑"位置"只开启一边工位的情形。

（2）基于"时间传递函数"生成的"位置"解，即包含所有可行的任务分配方案，也包含部分不可行解。因此，需要枚举过程中对那些不可行的分支节点进行限制，避免无谓的搜索。这与单边装配线平衡中，所生成的工位解一定是可行的情况有所不同。

基于工位枚举的树生成策略如表4.4所示。

表4.4 基于工位枚举的树生成策略

Procedure TreeGeneration
(1) begin
(2)   INITIALIZE；//初始化（设位置索引，$p=0$ 等）
(3) N：//枚举下一个位置的所有可行解
(4)   if 仍有任务未被分配 then
(5) $p=p+1$；
(6)   do
(7)   BRANCH（p,w）；//生成一边的工位解
(8)   if FATHOMED then Continue；
(9)   do
(10)   BRANCH（$p,\overline{w}$）；//生成另一边的工位解
(11)   if FATHOMED then Continue；
(12)   else go to N. //深度优先
(13)   while（$\overline{w}$ 边所有可能的工位解，包括空解均已被遍历）
(14)   while（w 边所有可能的工位解，包括空解均已被遍历）
(15)   else //得到所求问题的一个可行解
(16)   if 如果该解优于当前最佳解 then 替换当前最佳解
(17)   if 当前最佳解等于下界值 then 当前最佳解即为最优解，终止运行
(18)   end
(19)   end

在 INITIALIZE 函数中，读入平衡问题的各种数据（包括任务之间的优先顺序关系约束、任务的作业时间和操作方位等），并对变量进行初始化（如打开装配线第一个"位置"（$p=0$）。通过 BRANCH（p,w）与 BRANCH（$p,\overline{w}$）函数分别生成枚举树中的分支节点（对应 p "位置"w 和 $\overline{w}$ 边的工位解），工位解的构建过程详见4.2.1节。如果当前生成的"位置"解（左、右两边工位解的组合）是不可行的，或者当前分支满足定界条件而被限制进一步搜索，那么FATHOMED 函数将返回"true"值，截去当前分支，平衡转而搜索同层其他分支节点或是回退到上一层（当完成当前层分支节点的遍历后）。当算法完成所有分支节点的遍历或是找到等于下界值的平衡值，终止程序运行，返回最优解。

以图1.1所示问题为例，给定节拍CT=9，基于工位枚举的过程如下：

不失一般性，首先生成"位置"左边的工位解，然后再搜索"位置"右边的工位解，即令 $w = L$，$\overline{w} = R$。

首先，基于"时间传递函数"的工位解生成方法，得到"位置1"一个左边工位解 $\{1, 3, 4\}$，记为树节点1。然后，针对所生成的左边工位解，基于"时间传递函数"的工位解生成方法，生成其伴随工位（右边工位）的一个工位解 $\{2, 5\}$，记为树节点2。节点1和节点2组成"位置1"一个完成的任务分配方案。

在继续进行后续分支枚举之前，要对先前生成"位置1"的分配方案的可行性进行判断。经验证，该"位置"解是可行的。深度优先搜索，继续生成下一个"位置1"的安排，直至到达分支末梢（获得一个完成的分支，即平衡解）。然后，判断所得的平衡解是否等于平衡下界值，如果相等，停止程序运行，返回最优解。反之，程序回退到上一层，遍历生成该层其他分支节点。如此重复，直至算法完成所有可行解的枚举，或是找到等于下界值的最优解。

以图1.1所示平衡问题为例，采用基于工位方法进行枚举，所得的枚举树如图4.5所示。图中，圆圈内数字表示枚举的顺序；箭头上内容表示工位具体的任务安排；带阴影的节点表示经过判断不能达到最优解，或是因"位置"解是不可行而被限制进一步搜索。枚举树的生成首先从"位置1"左边的工位出发（工位1），然后，再生成"位置1"右边的工位（工位2）；然后，继续生成"位置2"、"位置3"等任务分配方案的枚举。图1.1所示问题的最优解出现在"节点9"，该解共需开启3个"位置"，启用5个工位。

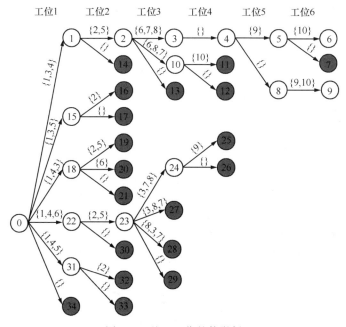

图 4.5　基于工位的枚举树

4.2.4　任务分配规则

与基于任务枚举的分支定界平衡算法一样，为使平衡能快速接近并达到最优解，应对分支节点的遍历顺序进行规划，优先搜索具有较佳性能的分支（即优先生成具有较好性能的工位解）。

为此，在 4.2.1 节生成工位解的过程中，对于 T 时刻存在多个可分配任务时，不能再随机地进行选择，而要根据一定规则，优先生成具有较佳性能的工位解。经对双边装配线平衡问题的研究，制定任务的选择规则如下：

规则 1：优先安排具有操作方位约束（$d_i = $ L or R）的任务；

规则 2：如存在冲突，优先分配具有最大阶位权值[24]的任务；

规则 3：如存在冲突，优先分配具有最大作业时间的任务；

规则 4：如仍存在冲突，随机选择一个。

当得到 w 边工位解，在生成其伴随工位解（$\overline{w}$ 边）时，为避免陷入生成不可行的"位置"解（由 w 与 $\overline{w}$ 工位解组成），而使分支徘徊不前。因此，需要对 $\overline{w}$ 边工位上 T 时刻任务的分配顺序进行规划，需要在运用以上 4 条规则之前，追加一条规则（1A）。通过优先分配那些已经有后序任务分配在当前"位置"的任务，来增加所得"位置"解的可行性。

规则（1A）：优先安排具有后序任务分配到伴随工位（$\overline{w}$ 边）上的任务。

4.2.5　算法的完整描述

基于 4.2.3 节所提出的基于工位枚举的树生成策略，生成包含所有可行解在内的枚举树。为避免算法陷入无序的完全枚举，而无法在有限的时间内找到问题的最优。在树枚举过程中，运用 4.2.4 节提出的任务分配规则，优先生成具有较好性能的工位解（即分支节点），使分支朝着较优的方向前进；通过相关定界方法（4.1.3 节）对分支进行界定，及时截去次优或近优解，避免进一步无效的搜索，从而使算法能快速接近并达到最优解。

平衡算法的详细步骤如下：

（1）读入平衡问题 V 中各项数据，如作业时间 t_i、操作方位 d_i 及优先关系（P_i，F_i）等，并初始化相关变量；

（2）运用 4.1.3 节中的任务时间增量规则，对 V 中所有任务的作业时间进行增量处理；

（3）运用 4.1.3 节提出的下界计算方法，计算问题的下界值（LB_p，LB_s）；通过启发式方法得到一个平衡上界值（UB_p，UB_s）（或是直接令 UB_p 为 n，UB_s

为 $2n$ ），通过式（4.15）和式（4.16）确定当前期望的较优解（E_p，E_s），以及对应的最大可用松弛时间 MST；

（4）运用 4.2.3 节提出的基于工位枚举的树生成策略，生成基于工位的枚举树。在树枚举过程中，运用下述方法来选择与控制分支节点的生成。

①在基于工位枚举的树生成策略（表 4.4）的步骤（7）和步骤（10）中，用 BRANCH（）函数生成工位解时，运用 4.2.4 节提出的任务分配规则，对 T 时刻可分配任务进行选择、分配，使具有较佳性能的工位解（即分支节点）能被优先生成；

②在基于工位枚举的树生成策略（表 4.4）的步骤（7）和步骤（10）前，即生成分支节点之前，运用最大松弛时间规则对当前分支的性能进行判断。如果当前分支所需的松弛时间超过 MST，则可截去当前分支（即停止该分支的后续搜索），转而搜索当前层的其他分支节点；

③在基于工位枚举的树生成策略（表 4.4）的步骤（11）前，即当完成一个"位置"解的构造，准备开始生成下一个"位置"解之前，运用下述条件来判断、控制分支节点的生成：第一，运用 4.1.3 节中的可行集支配规则，如果当前分支受限于已遍历过的其他分支，则停止该分支后续搜索；第二，利用 4.1.3 节中的下界值计算方法求得剩余未分配任务的平衡下界值，如果已分配任务所需的"位置"、工位数量和剩余未分配任务的平衡下界值相加，其值超过期望的较优解（E_p，E_s）时，表示无论后续分支如何构建，均不能找到更好的平衡解，可截去该分支。

④在基于工位枚举的树生成策略（表 4.4）的步骤（16）中，当得到一个平衡解时，判断该解是否达到平衡下界值（LB_p，LB_s），如果达到，表示找到全局最优解，终止程序的运行，返回最优解；反之，更新平衡的上界值（UB_p，UB_s）（如果当前解优先（UB_p，UB_s），令（UB_p，UB_s）等于当前解）、期望的较优解（E_p，E_s）和最大可用松弛时间 MST，继续搜索。

4.2.6　应用案例

通过对公开发表的 P9、P12、P16、P24、P65 与 P148 问题的求解，来验证基于工位枚举的分支定界平衡算法性能。问题的来源和处理，程序的运行环境等同 4.1.5 节。平衡结果如表 4.5 所示。

表 4.5　算例的解（基于工位的分支定界平衡算法）

问题	节拍（CT）	下界值（LB）	MST（下界值）	B&B（任务）	CPU 时间/s	B&B（工位）	CPU 时间/s
P9	3	3 [6]	1	3 [6]	<0.001	3 [6]	<0.001
	4	3 [5]	3	3 [5]	<0.001	3 [5]	<0.001
	5	2 [4]	3	2 [4]	<0.001	2 [4]	<0.001
	6	2 [3]	1	2 [3]	<0.001	2 [3]	<0.001
P12	4	4 [7]	3	4 [7]	0.010	4 [7]	<0.001
	5	3 [5]	0	3 [6]	0.210	3 [6]	0.062
	6	3 [5]	5	3 [5]	0.010	3 [5]	0.001
	7	2 [4]	3	2 [4]	0.001	2 [4]	0.031
P16	15	3 [6]	8	4 [7]	0.121	4 [6]	0.031
	18	3 [5]	8	3 [6]	0.100	3 [6]	0.109
	20	3 [5]	18	3 [5]	4.756	3 [5]	0.016
	22	2 [4]	6	2 [4]	0.161	2 [4]	0.031
P24	20	4 [7]	0	—	—	4 [7]	21.766
	25	3 [6]	10	3 [6]	0.130	3 [6]	0.015
	30	3 [5]	10	3 [5]	0.010	3 [5]	0.016
	35	2 [4]	0	2 [4]	21.010	2 [4]	2.547
	40	2 [4]	20	2 [4]	0.010	2 [4]	0.016
P65	381	7 [14]	235	7 [14]	0.047	7 [14]	0.203
	435	6 [12]	121	—	—	6 [12]	176.891
	490	6 [11]	291	6 [11]	2.187	6 [11]	0.187
	544	5 [10]	341	5 [10]	5.230	5 [10]	1.109
P148	204	13 [26]	180	13 [26]	3.235	13 [26]	0.250
	255	11 [21]	231	11 [21]	11.063	11 [21]	0.351
	357	8 [15]	231	8 [15]	68.152	8 [15]	0.969
	408	7 [13]	180	7 [13]	35.014	7 [13]	12.023
	459	6 [12]	384	6 [12]	9.703	6 [12]	6.417
	510	6 [11]	486	6 [11]	10.657	6 [11]	9.573

注："—"表示基于任务枚举的分支定界平衡算法未找到问题的最优解。

　　针对这 6 个平衡问题，基于工位枚举的分支定界平衡算法共实现了 27 种情况的最优化。其中，不仅全部实现了基于任务枚举的分支定界算法所能处理的 25 种情况，而且，还首次实现 P24（CT=20）和 P65（CT=435）两种情况的最优化求解（针对 P24（CT＝20）问题，ACO 算法和 Group 等算法的解为 4[8]；而对于 P65（CT＝435）问题，ACO 算法和 Group 等算法的解为 7[13]）。

从运行速度来看，在大多数情况下，基于工位枚举的分支定界平衡算法要优于基于任务枚举的分支定界平衡算法。特别是对于 P148（CT＝255、357 和 408）等平衡问题，平衡所得的最优解中启用工位的数量与"位置"数量不成双倍关系（某些位置只启用一边的工位），基于工位枚举的分支定界算法的求解速度更快。这与分支定界算法在单边装配线平衡上的表现是类似的，即基于工位枚举的分支定界算法的性能往往要优于基于任务枚举的分支定界算法。

有关装配线平衡问题精确求解的研究，一直备受广大研究人员的关注。因为精确求解平衡算法可以实现平衡问题的最优化，为生产提供最佳的任务分配方案。而且，精确求解平衡算法的研究结果也可以为启发式平衡算法的研究提供一种衡量、评价的标准。

在双边装配线平衡中，除了要考虑任务之间的优先顺序约束等单边装配线平衡中所包括的约束条件之外，还要考虑任务操作方位约束和"序列相关"的完成时间约束等，因此，难以直接应用单边装配线平衡技术来平衡双边装配线。

本章根据双边装配线平衡的特点，对平衡问题的精确求解算法进行研究，主要研究成果如下：

1）提出一种基于任务枚举的分支定界算法

根据双边装配线平衡的特点，提出一种包含"方位"信息的任务序列（π）来表示平衡解，并基于任务之间的优先顺序关系，枚举生成平衡问题的所有可行任务序列，从中找到最优解。

为避免算法陷入完全枚举而无法在有限的时间内找到问题的最优解，提出多种分支优先规则，引导枚举朝着较优方向前进；提出多种定界规则，对枚举过程中分支的性能进行判断，截去不能达到最优的分支，减少枚举的运算时间。

通过对公开报道平衡问题求解的结果表明，基于任务枚举的分支定界算法能找到高达 148 个任务规模问题的最优解。其中，首次找到 P24（CT＝35）、P65（CT＝381 与 CT＝490）、P148（CT＝408）共 4 个平衡问题的最优解。

2）提出一种基于工位枚举的分支定界算法

针对双边装配线中，左右两边工位解通过任务优先顺序关系相互作用、相互影响，无法像单边装配线平衡中，简单地依据任务优先顺序关系来枚举生成所有工位解。本书提出一种"基于时间传递函数"的任务分配方法，来生成工位的安排，进而实现基于工位枚举的分支定界算法。

通过对公开报道的平衡问题求解的结果表明，基于工位枚举的分支定界算法的表现更佳。它可以解决所有基于任务枚举的分支定界平衡算法的问题，而且在多数情况下，求解速度更快。另外，还首次获得 P24（CT＝20）和 P65（CT＝435）两个问题的最优解。

参 考 文 献

[1] Johnson R V. Optimally balancing large assembly lines with "FABLE". Management Science，1988，34（2）：240-253.

[2] Hoffmann T R. Eureka：a hybrid system for assembly line balancing. Management Science，1992，38（1）：39-47.

[3] Nourie F J，Venta E R. Finding optimal line balances with OptPack. Operations Research Letters，1991，10（3）：165-171.

[4] Scholl A，Klein R. Salome：a bidirectional branch-and-bound procedure for assembly line balancing. Informs Journal on Computing，1997，9（4）：319-334.

[5] Scholl A，Klein R. Ulino：optimally balancing U-shaped JIT assembly lines. International Journal of Production Research，1999，37（4）：721-736.

[6] Bartholdi J J. Balancing two-sided assembly lines：a case study. The International Journal of Production Research，1993，31（10）：2447-2461.

[7] Gutjahr A L，Nemhauser G L. An algorithm for the line balancing problem. Management Science. 1964，11（2）：308-315.

[8] Agrawal P K. The related activity concept in assembly line balancing. International Journal of Production Research，1985，23（2）：403-421.

[9] Schrage L，Baker K R. Dynamic programming solution of sequencing problems with precedence constraints. Operations Research，1978，26（3）：444-449.

[10] Kao E P，Queyranne M. On dynamic programming methods for assembly line balancing. Operations Research，1982，30（2）：375-390.

[11] Johnson R V. Optimally balancing large assembly lines with "Fable". Management Science，1988，34（2）：240-253.

[12] Scholl A，Becker C. State-of-the-art exact and heuristic solution procedures for simple assembly line balancing. European Journal of Operational Research，2006，168（3）：666-693.

[13] Saltzman M J，Baybars I. A two-process implicit enumeration algorithm for the simple assembly line balancing problem. European journal of operational research，1987，32（1）：118-129.

[14] Jackson J R. A computing procedure for a line balancing problem. Management Science，1956，2（3）：261-271.

[15] Johnson R V. A branch and bound algorithm for assembly line balancing problems with formulation irregularities. Management Science，1983，29（11）：1309-1324.

[16] Helgeson W B，Birnie D P. Assembly line balancing using the ranked positional weight technique. Journal of Industrial Engineering，1961，12（6）：394-398.

[17] Kim Y K，Kim Y，Kim Y J. Two-sided assembly line balancing：a genetic algorithm approach. Production Planning & Control，2000，11（1）：44-53.

[18] Lee T O，Kim Y，Kim Y K. Two-sided assembly line balancing to maximize work relatedness and slackness. Computers & Industrial Engineering，2001，40（3）：273-292.

[19] Baykasoglu A，Dereli T. Two-sided assembly line balancing using an ant-colony-based heuristic. The International Journal of Advanced Manufacturing Technology，2008，36（5-6）：582-588.

[20] Hoffmann T R. Assembly line balancing：a set of challenging problems. The International Journal of Production Research. 1990，28（10）：1807-1815.

第5章 基于分解策略的双边装配线平衡算法

精确求解算法虽能求得精确解，但由于计算量庞大，难以解决生产实际中较大规模问题。启发式方法能解决较大规模的问题，并广泛应用于生产实际中的装配线规划。但是，它无法求得精确解，且难以估算误差，即解的质量无法保证[1]。一旦采用质量较差的解，将导致规划、建造的装配线效率偏低，增加产品的制造成本。因此，该方法具有较大的风险。

本章针对以上方法存在的不足，在上述分支定界算法的研究基础上，提出基于分解策略的双边装配线平衡方法。通过对装配任务先序约束关系的分析，制定分解策略，将原问题分解为小规模的子问题，利用分支定界算法求得子问题的精确解，经组合、调整得到原问题的解，并估算最大可能误差。利用 Visual Basic 语言编程开发上述基于分解策略的双边装配线平衡算法，然后以某发动机案例以及 A65 基准问题为例对其进行测试。结果表明子解经过调整之后合并可以得到最终解，并且与原问题相比只有很小的误差，该算法能有效解决较大规模的双边装配线平衡问题[2]。

5.1 基本概念

5.1.1 分割路径

用来描述分解过程的断点和分割路径定义如下：

（1）断点：任务 i 和任务 j 之间的箭头表示先序关系 (i, j)。断点是指断掉的箭头，这意味着任务 i 和任务 j 在两个不同的子问题当中。

（2）分割路径：分割路径（SP）由一系列断点 $\{(i, j)\}$ 组成，并且在分解后要满足如下条件：

$$\text{如果 } i \in G_u, \ j \in G_v, \ u \neq v, \ i > j, \ \text{那么} (i, j) \in \text{SP} \qquad (5.1)$$

式中，$i > j$ 为任务 i 和任务 j 之间存在先序约束，并且任务 i 是任务 j 的先序。式 (5.1) 的意思是任务 i 和任务 j 之间没有箭头，他们属于两个不同的子问题。例如，在图 5.1 中，分割路径 SP_1 可以描述为 $\{(1, 3), (7, 8), (7, 9), (7, 10)\}$。如果 SP_1 不包含断点 $(7, 10)$，那么这将是一条无效的分割路径。

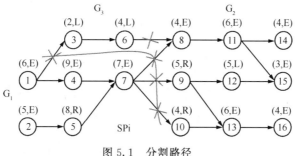

图 5.1　分割路径

5.1.2　子问题间的关系

经过分解过程，原始问题被分解为几个相关的子问题，而这些子问题之间的先序约束被人为地去除了。显然，需要对这些子问题之间的关系进行建模，以复原被人为去除的先序约束，并将子解合并以获得原始问题的最终解。下面的方程描述了子问题 G_u 和 G_v 之间的关系：

$$A = R(G_u, G_v) \tag{5.2}$$

式中，A 为一个数组，用来存储人为去除的先序约束。有时，一些双边装配线平衡问题本来就包含着一些相互隔离的先序网络。这意味着子问题之间没有先序约束。这种情况下，令 $A = 0$。

根据双边装配线平衡问题中先序约束的特点，分解得到的子问题之间的关系主要有以下几种：

1）先序联系

分解得到的子问题 G_u 和 G_v，$u \neq v$，如果式（5.3）成立，那么 G_u 和 G_v 之间的关系成为先序联系，记为 $\mathrm{Pre}(G_u, G_v)$。

$$G_u = \bigcap_{i \in G_v} \mathrm{AP}_i, \quad G_v = \bigcap_{j \in G_u} \mathrm{AP}_j \tag{5.3}$$

式中，G_u 中所有的任务都是 G_v 中所有任务的先序，而且 G_v 中所有的任务都是 G_u 中所有任务的后序。例如，在图 5.1 当中，G_1 和 G_2 之间的关系可以描述如式（5.4）：

$$\begin{bmatrix} 7 > 8 \\ 7 > 9 \\ 7 > 10 \end{bmatrix} = \mathrm{Pre}(G_1, G_2) \tag{5.4}$$

G_2 和 G_3 之间没有先序联系，因为 G_3 中任务 3 和任务 6 不是 G_2 中任务 9，10，12，13，16 的先序。

2）相容联系

给定分解后得到的子问题 G_u 和任务 i。假设任务 i 的所有先序都已经分配完，并且已经求得 OPT（G_u）以及相应的 CTL_u 和 CTR_u。如果任务 i 可以分配到最优解的某一个工位上，那么 CTL_u 和 CTR_u 的最大值不会增加，这时 G_u 和 任务 i 被称为具有相容联系，记为 Comp$<G_u，i>$。

分解得到的子问题 G_u 和 G_v，$u \neq v$，如果 G_u 和 G_v 中所有任务都具有相容联系，那么 G_u 和 G_v 之间的关系称为相容联系，记为 Comp（$G_u，G_v$）。

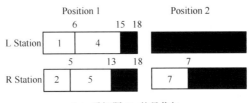

（a）子问题 G_1 的最优解

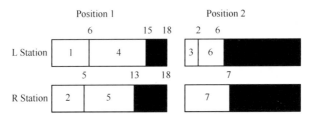

（b）子问题 G_1 的最优解和任务 3，6

图 5.2　子问题 G_1 的最优解及任务 3.6

比如说，图 5.2（a）是子问题 G_1 的最优解，包含两个位置，在第二个位置上 CTL_1 和 CTR_1 分别为 0 和 7。图 5.2（b）是任务 3 和任务 6 分配到工位（2，1）之后的解，CTL_u 和 CTR_u 的最大值仍然为 7。因此，G_1 和 G_3 之间的关系可以描述如下：

$$[1 > 3] = \text{Comp}(G_1，G_3) \tag{5.5}$$

3）先序联合联系

给定分解后的子问题 G_u，任务 i 和 j，$i \in G_u$，$j \notin G_u$，如果 $j \in AS_i$，那么 G_u 和任务 j 被称为具有先序联合联系，记为

$$[i \to j] = \text{PreJoint}(G_u，j) \tag{5.6}$$

如果 $j \in DS_i$，那么 G_u 和 j 之间的关系可以记为

$$[i > j] = \text{PreJoint}(G_u，j) \tag{5.7}$$

如果 $\forall j \in G_v$，那么式（5.7）恒成立，G_u 和 G_v 之间的关系成为先序联合联系，记作 PreJoint（$G_u，G_v$）。例如，图 5.1 中，G_3 中的任务 3 和 6 都是 G_1 中的任务 1 的后序，因此 G_1 和 G_3 之间的关系可以记为

$$[1 > 3] = \text{PreJoint}(G_1，G_3) \tag{5.8}$$

4）后序联合联系

给定分解后的子问题 G_u，任务 i 和 j，$i \in G_u$，$j \notin G_u$，如果 $j \in AP_i$，那么 G_u 和任务 j 称为具有后序联合联系，记为

$$[j \rightarrow i] = \text{SucJoint}(G_u, j) \tag{5.9}$$

如果 $j \in DP_i$，那么 G_u 和 j 之间的关系可以记为

$$[j > i] = \text{SucJoint}(G_u, j) \tag{5.10}$$

如果 $\forall j \in G_v$，式（5.10）恒成立，G_u 和 G_v 之间的关系称为先序联合联系，记为 $\text{SucJoint}(G_u, G_v)$。例如，在图 5.1 中，$G_3$ 中的任务 3 和 6 都是 G_2 中的任务 8 的先序，因此 G_2 和 G_3 之间的关系可记为

$$[6 > 8] = \text{SucJoint}(G_2, G_3) \tag{5.11}$$

5）平行联系

给定分解后得到的子问题 G_u 和 G_v，$G_u \neq G_v$，如果 $\forall i \in G_u$，$\forall j \in G_v$，任务 i 和 j 之间没有先序约束，那么 G_u 和 G_v 之间的关系成为平行联系，记为

$$0 = \text{Parallel}(G_u, G_v) \tag{5.12}$$

5.1.3　误差的定义及产生的原因

一方面，在最优解找到之前，任务间的任意组合都是可能的，只要满足节拍约束、操作边约束和先序约束。然而，分解的本质在于提前将任务分配到一个个组里面，因此会破坏任务间一些组合的可能性。分解可能会导致包括最优解在内的一些可能的任务组合被遗漏掉，这可能会导致误差。令 Δ 代表误差，定义如下：

$$\Delta = CP - OP \tag{5.13}$$

式中，CP 和 OP 分别为计算得到的解和最优解的位置数；Δ 越小，所求得的解越接近最优解；$\Delta = 0$ 为所求得解即为最优解。

另一方面，将分解后所得子问题各自求得的最优解连接起来同样也会产生误差。图 5.3 显示了一个双边装配线平衡问题的最优解（含 M 个位置）。垂直的虚线将最优解划分为两个子问题。如果原来的双边装配线平衡问题可以分解为两个子问题（图 5.3），那么分支定界算法就可以用于寻找分解后子问题的最优解，两个子解分别包含 k 和 $M-k+1$ 个位置，将这两个子解连接起来可以得到初始的双边装配线平衡问题的最终解，该最终解位置数不超过 $M+1$。

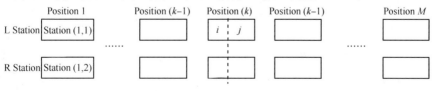

图 5.3　最优解的分解

在这种情况下，由于分解产生的误差不超过 1 个位置。实际上，有些分配到前面子问题的第 k 位置和后面子问题的首位置的一些任务可以分配到一个位置上，这样一来就可以获得最优解。

由于双边装配线平衡问题是典型的 NP 难问题，计算出由于分解所遗漏的所有可能的组合是相当困难的。换言之，不是所有的分解策略都是合理的。因此，即使尽可能地找到了最优解，分析由于分解产生的误差也是很有必要的。

误差的产生原因主要有以下几个方面：

1）由先序联系产生的误差

如图 5.3 以及前面的分析，两个分解后子问题的先序联系意味着直接连接两个子问题的最优解最多只会造成 1 个位置的误差。换言之，如果连接后位置数减少了一个，那么连接所得的解即为最优解。

2）由相容联系产生的误差

当两个子问题之间的相容联系恒成立时，根据双边装配线平衡问题的最大负荷原则，通过将 G_v 中的任务分配到 OPT（G_u）中得到的新解也是 G_u 和 G_v 组合起来的最优解。

3）由联合联系和平行联系产生的误差

对于分解得到的存在先序联系的子问题，当先序任务都已经分配完成之后，只要满足节拍约束、操作边约束和先序约束，两个子问题中剩余任务的任意组合都是可行的。例如，图 5.1 中，任务 1 分配完之后，只要满足节拍约束、操作边约束和先序约束，G_3 中的任务 3，6 和 G_1 中的任务 2，5，4，7 的任意组合都是可行的。类似于先序联合联系，在存在后序联合联系和平行联系的子问题中，大量的可能的组合被遗漏了。在这种情况下，误差计算变得十分困难。

但幸运的是，先序联系和相容联系对于大多数装配线平衡问题都是成立的，这是可行的制造技术、产品设计人员和制造精英的知识经验、顾客的需求，以及制造企业的目标等因素综合作用的结果。

5.2　算法的执行与改进

5.2.1　分解过程

不合理的分割路径会破坏任务间大量的可能组合。虽然子问题的最优解可以计算出来，但是在将他们组合起来以得到原始问题的最终解时，误差将不可控制。为了保证最终解的质量，分割路径必须仔细设计。由于子问题间先序联系和相容联系所产生的误差是有限且可控的，因此将原始问题分解为具有先序联系和相容联系的子问题的分割路径是本书想要得到的。

分解双边装配线平衡问题一般采取如下步骤：

（1）找到每一个任务 i 的 AP_i 和 AS_i，并求出 NAP_i 和 NAS_i（AP_i 和 AS_i 中的任务数）。

（2）根据 $NAP_i + NAS_i$ 将所有的任务降序排列（π_1，π_2，…，π_r，…，π_N）。

（3）r 在降序排列当中依次从 1 取到 N 的任务中进行挑选，以求得候选分割路径。该挑选过程中一般采用下述条件：①AP_i 和 AS_i 必须非空，这里的目的是试图找到可以将双边装配线平衡问题分解为具有先序联系的子问题并可以控制误差的主分割路径；②如果不止一个任务满足上面的条件，那么选择 $\min$（NAP_i，NAS_i）/$\max$（NAP_i，NAS_i）最大的任务，即 G_u 和 G_v 的规模要尽可能相近，这样一来子问题的计算负担可以减小。

（4）根据式（5.3）用来计算 G_u 和 G_v，并基于 G_u 和 G_v 产生候选的分割路径 SP_w。

（5）计算 N_u 和 N_v，N_u 和 N_v 分别代表 G_u 和 G_v 中的任务数。考虑到分支定界算法的运行，选取 N_u 和 N_v 之和最大并满足如下约束的 SP_w 作为候选的分割路径：

$$N_u \leqslant 40，和 N_v \leqslant 40 \tag{5.14}$$

如果分割后子问题的规模超过了 40，那么子问题可能需要重新分解，直到子问题规模满足式（5.14）。实际上，Hu 等提出的双边装配线平衡问题的分支定界算法有时也可以处理超过 40 个任务的问题[3]。

（6）具有先序联系的子问题分解之后，其他任务根据先序约束的网络被分到子问题当中。找到附加的分割路径，并构造描述他们之间的联系。每一个网络都是一组，并且没有先序和后序的任务被分配到一组当中。

例如，在图 5.1 中，每一个任务 i 的 AP_i 和 AS_i 见表 5.1。任务 1 和 7 的先序后序任务数目之和最大，但任务 1 没有先序。因此，选择任务 7 来构造候选的主分割路径，根据式（5.3）求得分解后的子问题：$G_1 = \{1，2，4，5，7\}$，$G_2 = \{8，9，10，11，12，13，14，15，16\}$，主分割路径为 $\{（1，3），（7，8），（7，9），（7，10）\}$。剩下的任务 3 和 6 分到另一个子问题 G_3 当中。附加的分割路径为 $\{（6，8）\}$。G_1 和 G_2、G_1 和 G_3、G_2 和 G_3 之间的关系分别为先序联系、先序联合联系和后序联合联系。

表 5.1　图 5.1 中各个任务的先序和后序任务集

序号	AP_i	NAP_i	AS_i	NAS_i	$NAP_i + NAS_i$
1	Φ	0	{3, 4, 6, 7, 8, 9, 10, 11, 12, 13, 14, 15, 16}	13	13
2	Φ	0	{5, 7, 8, 9, 10, 11, 12, 13, 14, 15, 16}	11	11
3	{1}	1	{6, 8, 11, 14, 15}	5	6
4	{1}	1	{7, 8, 9, 10, 11, 12, 13, 14, 15, 16}	10	11
5	{2}	1	{7, 8, 9, 10, 11, 12, 13, 14, 15, 16}	10	11
6	{1, 3}	2	{8, 11, 14, 15}	4	6
7	{1, 2, 4, 5}	4	{8, 9, 10, 11, 12, 13, 14, 15, 16}	9	13
8	{1, 2, 34, 5, 6, 7}	7	{11, 14, 15}	3	10
9	{1, 2, 4, 5, 7}	5	{12, 13, 15, 16}	4	9
10	{1, 2, 4, 5, 7}	5·	{13, 16}	2	7
11	{1, 2, 34, 5, 6, 7, 8}	8	{14, 15}	2	10
12	{1, 2, 4, 5, 7, 9}	6	{15}	1	7
13	{1, 2, 4, 5, 7, 9, 10}	7	{16}	1	8
14	{1, 2, 34, 5, 6, 7, 8, 11}	9	Φ	0	9
15	{1, 2, 34, 5, 6, 7, 8, 9, 11, 12}	11	Φ	0	11
16	{1, 2, 4, 5, 7, 9, 10, 13}	8	Φ	0	8

5.2.2　组合和调整过程

虽然分解后的子问题的最优解可以通过分支定界算法求得，但是分解过程中产生的误差，使得依然很难获得原始双边装配线平衡问题的最优解。本节中，通过组合、调整过程连接各子解以求得原始双边装配线平衡问题的最终解，并通过调整任务分配来尽可能地最小化误差。本过程包含三个步骤：①连接具有先序联系的子问题的子解；②插入具有相容联系的子问题的任务；③调整后求得原始双边装配线平衡问题的最终解。

为了尽快找到最优解，算法试图通过连接和调整具有先序联系的子问题的子解来减少一个位置。步骤如下：

（1）求得前一个子解当中最后一个位置上每一个工位的空闲时间窗。由于子解之间的先序约束，后一个子解的任务只能重新分配到前一个子解中最后一个任务的后面；

（2）搜索后一个子解的所有工位，寻找可以插入前一子解中空闲时间窗内的任务，在这个过程中必须满足所有的约束，包括操作边约束、节拍约束和先序约束；

（3）为了维持后面最优子解中任务的顺序，在挑选插入空闲时间窗的任务时遵循"最早开始时间优先"原则；

（4）后面子解当中的其他任务依次前移，相应的开始时间根据先序约束进行更新；

（5）计算减少的位置数（DNP），DNP 取值 0 或 1。

由于分解后所得的具有先序联系的子问题一般来说包含了原始双边装配线平衡问题的大部分任务，这些子问题的组合也成为主子问题。相应的，连接这些子问题的子解所得的解也成为主解。

前面的分析表明具有相容联系的子问题不会产生误差，因此插入过程旨在将尽可能多的任务插入到已经求得的主解当中。步骤如下：

（1）计算已经求得的主解当中每一个工位的空闲时间窗；

（2）根据分解阶段建立的关系，对每一个空闲时间窗，搜索可以插入的任务；

（3）分别计算不在主解当中的左型任务和右型任务的总工时（TPLnm 和 TPRnm）。如果 $TPLnm \geqslant C$，那么在插入的过程中相对于任意型任务，左型任务优先；如果 $TPRnm \geqslant C$，那么在插入的过程中相对于任意型任务，右型任务优先。这确保了在插入过程结束之后所有剩余的任务可以插入到一个位置。

（4）如果 $TPLnm < C$ 或 $TPRnm < C$，那么在选择任务组合时遵循"最大负荷"原则。即选择具有最大总工时的任务组合将他们插入相应操作边的空闲时间窗。在这个过程中要满足先序约束、操作边约束和节拍约束等。

连接和插入结束之后，一些任务可能仍然没有分配到工位上。调整过程就是寻找剩余任务的子解，并将其与已经获得的主解组合起来，以求得原始双边装配线平衡问题的最终解的过程。步骤如下：

（1）求得剩余任务数（NR）；

（2）如果 $NR < 40$，采用分支定界算法寻找剩余任务的最优解；否则，采用

启发式算法来求得近似的子解；

（3）根据先序约束将子解中的剩余任务以工位的形式与主解组合在一起；

（4）利用式（5.15）计算最大可能误差

$$PME = DNP + NPR \tag{5.15}$$

式中，NPR 为指剩余任务的子解的位置数；显然 DNP＝0 或 1；PME 取决于 NPR。

将本节提出的组合和调整过程应用到图 5.1 所示的例子中。子问题 G_1 和 G_2 的子解分别如图 5.2（a）和图 5.4（a）所示（节拍为 18）。它们都有两个位置。连接过程后，主解如图 5.4（b）所示，连接过程减少了一个位置。这说明主解是最优的。任务 3 和任务 6 与子问题 G_1 具有相容联系，将他们同主解组合之后，得到图 5.1 所示的原始双边装配线平衡问题的最终解如图 5.4（c）和表 5.2 所示，并且是最优的。

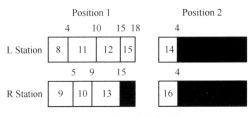

（a）子问题 G_2 的最优子解

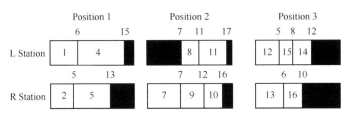

（b）通过连接得到的主解

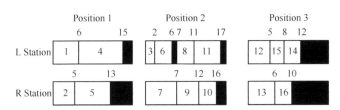

（c）原始 TABLP 问题的最终解

图 5.4　子问题 G_2 的最优子解、通过连接得到的主解及原始 TABLP 问题的最终解

表 5.2　最终解

位置	工位	分配的任务	总操作时间/s
1	Left	{1, 4}	15
1	Right	{2, 5}	13
2	Left	{3, 6, 8, 11}	16
2	Right	{7, 9, 10}	16
3	Left	{12, 15, 14}	12
3	Right	{13, 16}	10

5.2.3　算法的不足与改进

虽然本节所述算法在 P16 问题上表现优异，但其仍存在局限性：一方面，由于双边装配线平衡问题是典型的 NP 难问题，本身计算出由于分解所遗漏的所有可能的组合就是相当困难的。另一方面，虽然由于可用的技术、工程师的专业知识和经验、顾客的需求，以及企业的目标决定了双边装配线平衡问题中大多数任务间都是先序联系和相容联系，但随着问题增加，具有联合联系、平行联系的任务数量仍会越来越多，而具有此类联系的任务只要满足节拍约束、操作边约束和先序约束，两个子问题中剩余任务的任意组合都是可行的。而因为在分解的过程中大量的可行组合被遗漏，使得具有此类关系的子问题的误差计算与控制变得愈加困难。

另外，装配线的平衡需要同时考虑多方面的因素，包括装配线长度和稳定性等，仅以平均的装配作业时间为依据，很难确保满足市场需求。但装配线稳定性的求解十分不容易。这一方面是因为任务的操作时间受许多不确定性因素的影响，包括工人的作业技能水平、工人的疲劳强度、产品的质量等，导致操作时间随机变化；另一方面是因为装配线长度、节拍和稳定性三者之间相互约束，如节拍增加，产量就会降低，但是却有利于提高稳定性并缩短装配线长度，而且三者之间的这种约束关系难以用数学语言准确、直接地表达出来。

因此，先根据市场需求和装配任务得出装配线的节拍约束，再以长度最短为目标，利用前面论述的基于分解策略的算法求解；然后，考虑不确定因素的影响，提出启发式规则调整节拍和装配任务的分配，最终就可以求得具有最短长度、较高稳定性的装配线。

例如，如果某工位上总操作时间非常接近节拍，那么工人操作时间稍有波动就可能会使任务无法按时完成。为了避免这样的情况发生，在满足先序约束和操作边约束，并确保装配线长度不变的前提下，可以调整装配线任务的分配，使各个工位的负荷更加均衡，这样可以最大限度地提高装配线的稳定性。如图 5.5 所示，考虑工位 k 的邻域工位，调整工位的规则如下：

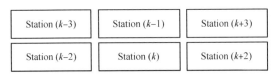

图 5.5　工位 k 的邻域

（1）计算所有工位的负荷，寻找负荷最大的工位 k_{max}；

（2）从工位 k_{max} 的邻域工位中，寻找负荷最小的工位 k_{min}；

（3）在满足各种约束（包括先序约束、节拍约束和操作边约束）的前提下，分别从 k_{max} 和 k_{min} 工位上寻找可以互换的装配任务（也可以单方面移动）；

（4）选择装配任务操作时间差值最大的一对，进行互换，更新各工位的装配任务分配。

例如，图 5.4（c）和表 5.2 所示的最优解，位置 2 的左工位总操作时间为 16s，并且最后一道工序结束的时间已经到了 17s，非常接近节拍 18s，工人操作时间稍有波动就很容易使得任务无法按时完成。这时候搜索其邻域发现位置 3 的右工位总操作时间只有 10s。在满足各种约束的情况下，位置 2 左工位上工序 11 可以插到位置 3 右工位最前面，但是位置 3 的右工位没有可以移动到位置 2 左工位的工序。此时进行单方面移动。移动后的解如图 5.6 所示。

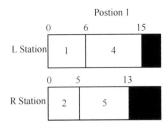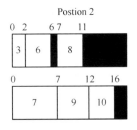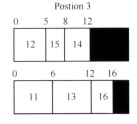

图 5.6　经过一次调整后的解

这时位置 3 右工位又成为操作时间最长的工位了，这时再次重复调整的过程，搜索其邻域中除了位置 2 左工位其余的工位，找到位置 3 左工位总操作时间只有 12，并且此时位置 3 右工位中的工序 13 可以与位置 3 左工位中的工序 15 交换位置。考虑各种约束，最后得到的解如图 5.7 所示。

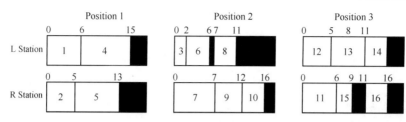

图 5.7　经过两次调整后的解

5.3　应用案例

5.3.1　某发动机案例

近年来，中国兴建了许多大型基建项目，包括高速公路、高铁、城市重建、发电站等。由此导致市场对大型建筑设备的需求与日俱增，而斗式自动装载机是典型的产品之一。为了满足市场需求，一家中国建筑设备公司决定建造一条新的斗式装载机装配线，并且采用双边装配线模式，以期达到最小化生产成本、最大化利润的目标。

建造装配线之前需要分析市场需求，然后制订生产计划和节拍。之后工程师根据可用的生产技术、经验和知识，以及特殊的客户需求规划装配过程。与此同时，也产生了一些生产约束，包括先序约束、设备和工具可用性等。最后，利用时间动作分析法（method time measurement，MTM）将装配任务分解为几个标准动作，通过测量各动作的操作时间，从而得到装配任务的操作时间。装载机的双边装配线平衡问题如图 5.8 所示，一共有 59 项任务。根据对市场需求和装配操作的分析，节拍定为 660s，这是装载机装配线可行的最小节拍，因为任务 47 的操作时间为 660s。

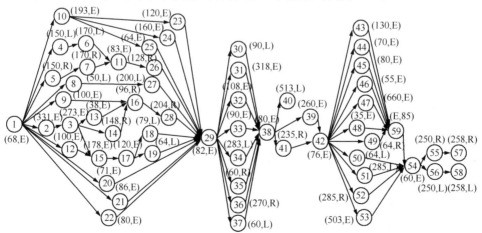

图 5.8　某发动机的双边装配线平衡问题

如图 5.8 所示，任务 29 有 28 个先序和 30 个后序，任务 38 有 37 个先序和 21 个后序。任务 29 和任务 38 的先序后序任务数之和相等，均为 58。由于 28/30 > 21/37，选择任务 29 来生成分割路径：{（29，30），（29，31），（29，32），（29，33），（29，34），（29，35），（29，36），（29，37）}。斗式装载机双边装配线平衡问题可以分解为 $G_1 = \{1, 2, 3, 4, 5, 6, 7, 8, 9, 10, 11, 12, 13, 14, 15, 16, 17, 18, 19, 20, 21, 22, 23, 24, 25, 26, 27, 28, 29\}$，以及包含其他任务的 G_2。分解后所得的子问题 G_1 和 G_2 具有先序联系。可以采用分支定界算法来寻找各个子问题的最优子解。如表 5.3 所示，位置 1～3 是 G_1 的最优解，4～8 是 G_2 的最优解。G_2 中没有任务可以分配到 G_1 的最优子解当中，因而直接将两者的子解连接起来就可以得到原始的装载机双边装配线平衡问题的最终解，最大误差 PME＝DNP＝1 是由分解过程产生的，在连接过程中无法消除。计算位置数的下界（LBP）来判定所得解是否为最优解，公式如下：

表 5.3　某发动机双边装配线平衡问题的最优解

位置序号	工位	分配的任务	总操作时间/s
1	Left	{2，4，12}	591
1	Right	{1，10，24，5，21}	657
2	Left	{3，15，17，18}	650
2	Right	{20，22，23，9，13，14，16}	653
3	Left	{6，11，8，27，19}	567
3	Right	{7，25，26，28，29}	648
4	Left	{30，32，33，34，37}	631
4	Right	{31，35，36}	648
5	Left	{38，40}	593
5	Right	{39，41，42}	571
6	Left	{47}	660
6	Right	{53，43}	633
7	Left	{51，45，50，48，59，54}	609
7	Right	{52，44，49，46}	483
8	Left	{56，58}	508
8	Right	{55，57}	508

$$LBP = \max(LBS_{left}, LBS_{right}) + \left\lceil \frac{\max((LBS_{either} - |LBS_{left} - LBS_{right}|), 0)}{2} \right\rceil$$

$$(5.16)$$

式中，LBS_{left}，LBS_{right} 和 LBS_{either} 分别为左、右、任意边工位的理论最小值这种计算方法是由 Simaria 和 Vilarinho 提出的[4]。

$$LBS_{left} = \sum_{i \in I_L} t_i / C \tag{5.17}$$

$$LBS_{right} = \sum_{i \in I_R} t_i / C \tag{5.18}$$

$$LBS_{either} = \left[\sum_{i \in I_E} t_i - \left((LBS_{left} + LBS_{right}) \times C - \sum_{i \notin I_E} t_i \right) \right] / C \tag{5.19}$$

在该发动机装配线的案例中，$LBS_{left} = 4$，$LBS_{right} = 4$，$LBS_{either} = 7$，由式 (5.16) 计算得 $LBP = 8$，与所得最终解的位置数相等，因此最终解就是最优解。

5.3.2　基准问题 A65 案例

本节提出的算法也以众所周知的基准问题 A65 进行检验。A65 的双边装配线平衡问题是由某发动机的装配问题抽象得出的，如图 5.9 所示。

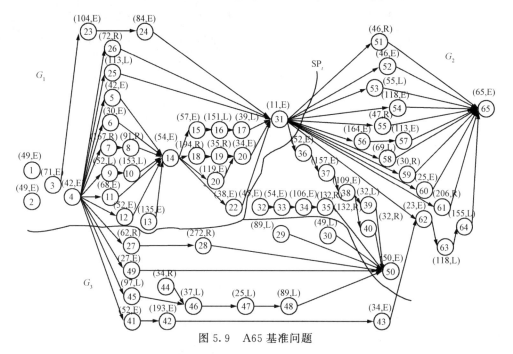

图 5.9　A65 基准问题

必须在左边完成的任务的总操作时间为：$\sum_{i \in I_L} t_i = 1286$；

必须在右边完成的任务的总操作时间为：$\sum_{i \in I_R} t_i = 1320$；

可以在任意边完成的任务的总操作时间为：$\sum_{i \in I_E} t_i = 2493$。

由式（5.16）～式（5.19）可得各节拍下的 LBS_{left}、LBS_{right}、LBS_{either} 和 LBP，如表 5.4 所示。

表 5.4　各节拍下的 LBS 和 LBP

节拍	LBS_{left}	LBS_{right}	LBS_{either}	LBP
487	3	3	5	6
381	4	4	6	7
490	3	3	5	6
512	3	3	4	5
544	3	3	4	5

任务 31 有 26 个先序，25 个后序，先序后序任务书之和为 51，是 A65 问题所有任务中最大的。由式（5.3）求得 $G_1 = \{1, 2, 3, 4, 5, 6, 7, 8, 9, 10, 11, 12, 13, 14, 15, 16, 17, 18, 19, 20, 21, 22, 23, 24, 25, 26, 31\}$，$G_2 = \{32, 33, 34, 35, 36, 37, 38, 39, 40, 50, 51, 52, 53, 54, 55, 56, 57, 58, 59, 60, 61, 62, 63, 64, 65\}$；主分割路径为 $\{$（31，32），（31，36），（31，51），（31，52），（31，53），（31，54），（31，55），（31，56），（31，57），（31，58），（31，59），（31，60），（31，61），（31，62）$\}$。子问题 G_1 和 G_2 具有先序联系。其他任务分到 G_3，附加分割路径为 $\{$（4，27），（4，49），（4，45），（4，41），（28，50），（29，50），（30，50），（48，50），（43，62）$\}$。

$$\begin{bmatrix} 4 > 27 \\ 4 > 49 \\ 4 > 45 \\ 4 > 41 \end{bmatrix} = \text{PreJoint}(G_1, G_3) \tag{5.20}$$

$$\begin{bmatrix} 28 > 50 \\ 29 > 50 \\ 30 > 50 \\ 48 > 50 \\ 49 > 50 \\ 43 > 62 \end{bmatrix} = \text{SucJoint}(G_2, G_3) \tag{5.21}$$

G_3 中的任务 29 和任务 30 同 G_1 和 G_2 具有平行联系。G_3 中的其他任务同 G_1 具有先序联合联系，同 G_2 具有后序联合联系，分别记为式（5.20）和式（5.21）。

为了测试不同情况下该算法的适用性，我们选取了一组各不相同的节拍来进行测试。又由于节拍并不影响分解策略，因此上述分割路径、各子问题的划分，以及子问题之间的关系适用于以下各问题。节拍变化对解的影响主要在于用分支定界算法求各个子解及之后的过程。

1）节拍为 487 时的情况

G_1 和 G_2 的最优子解如图 5.10 所示，该子解由分支定界算法求得。G_1 中任务 31 的完成时间为 274，在第 3 个位置上。第 3 个位置左右两边工位可用的空闲时间窗为 [274，487]，时间长度为 213。虽然左边工位最后一个分配的任务在 190 处就已经完成，但 G_2 中所有的任务都是任务 31 的后序，因此空闲时间窗 [190，274] 对它们而言不可用。分配到 G_2 的子解的左边工位的任务 32，52，53，62 可以移动并插入 G_1 的子解的左边的最后一个工位的空闲时间窗中；分配到 G_2 的子解的右边工位的任务 36，51，55，59，60 可以移动并插入 G_1 的子解的右边的最后一个工位的空闲时间窗中。连接过程结束后，得到的主解如表 5.5 和图 5.11 所示，NP ＝5。连接过程减少了一个位置，这意味着主解是最优的。

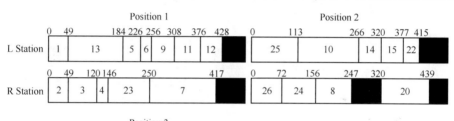

（a）G_1 的最优解

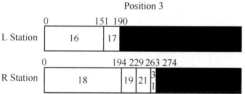

（b）G_2 的最优解

图 5.10　子问题 G_1 和 G_2 的解

表 5.5　连接后得到 A65 问题的主解

位置	工位	分配的任务	空闲时间窗
1	Left	{1, 13, 5, 6, 9, 11, 12}	[428, 487]
1	Right	{2, 3, 4, 23, 7}	[417, 487]
2	Left	{25, 10, 14, 15, 22}	[415, 487]
2	Right	{26, 24, 8, 20}	[247, 320], [439, 487]
3	Left	{16, 17, 32, 52, 53, 62}	[190, 274], [443, 487]
3	Right	{18, 19, 21, 31, 36, 51, 55, 59, 60}	[474, 487]
4	Left	{56, 58, 33, 37}	[444, 487]
4	Right	{54, 61, 57, 34}	[443, 487]
5	Left	{63, 64, 39, 65}	[370, 487]
5	Right	{38, 35, 40, 50}	[273, 305], [355, 487]

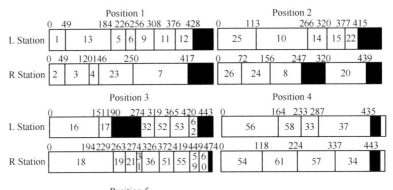

图 5.11　连接后得到 A65 问题的主解

G_3 中左型任务和右型任务的总操作时间分别为 386 和 368，均小于节拍。插入过程将 G_3 中的任务分配到主解中的各个工位上。得到结果如图 5.12 所示：

插入过程完成后，G_3 中剩余的任务可以分配到一个工位上：左工位 = {45，46，47，48，29，43}，总操作时间为 371；右工位 = {42，28}，总操作时间为 465。由式（5.23）可知，该位置应该位于包含任务 4 的位置之后，也就是主解的第一个位置之后；同时，该位置还应该位于主解第二个位置之后，因为任务 44 已经被插入第 2 个位置，如表 5.5 所示。同时，根据式（5.24）可知，该位置

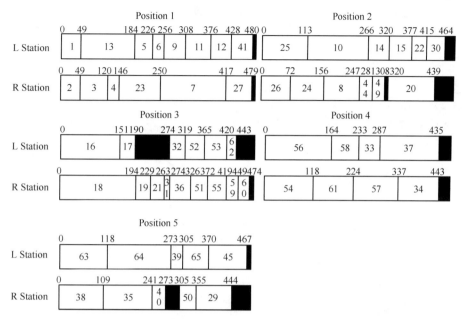

图 5.12　插入任务后得到 A65 问题的主解

还应该位于包含任务 {50，65，62} 的位置之前，也就是说应该位于主解的第 3
个位置之前，如表 5.6 所示。最终，该位置被插入到主解的第二和第三位置之
间，所得的解即为 A65 问题的最终解，最大可能误差 PME＝NPR＝1，这是由
分解后的子问题 G_3 产生的。

表 5.6　A65 基准问题节拍为 487 的最终解

位置序号	工位	分配的任务	总操作时间/s
1	Left	{1，13，5，6，9，11，12，41}	480
1	Right	{2，3，4，23，7，27}	479
2	Left	{25，10，14，15，22，30}	464
2	Right	{26，24，8，44，49，20}	427
3	Left	{42，45，46，47，48}	441
3	Right	{28，43}	306
4	Left	{16，17，32，52，53，62}	359
4	Right	{18，19，21，31，36，51，55，59，60}	474
5	Left	{56，58，33，37}	444
5	Right	{54，61，57，34}	443
6	Left	{63，64，39，65}	370
6	Right	{38，35，40，50，29}	412

$LBS_{left} = 3$，$LBS_{right} = 3$，$LBS_{either} = 5$，由式（5.16）得 $LBP = 6$，等于所得最终解的位置数，这表示最终解即为最优解。

改变节拍后求解过程基本与本例一致，因此后续例子过程从略，主要展示结果。

2）节拍为 381 时的情况

G_1 和 G_2 的最优子解如图 5.13 所示，该子解由分支定界算法求得。

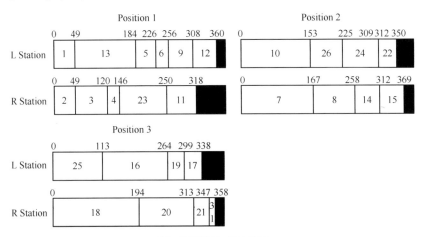

（a）子问题 G_1 的最优解

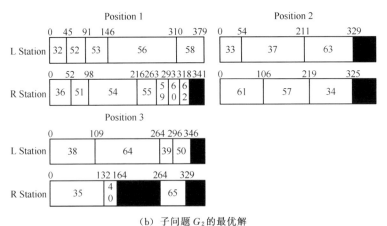

（b）子问题 G_2 的最优解

图 5.13 子问题 G_1 和 G_2 的解

连接过程结束后，得到的主解如图 5.14 所示，NP =6。连接过程没有减少位置，这意味着主解不一定是最优的，由分解过程产生的最大误差 PME = DNP=1，在连接过程中无法消除。

将 G_3 中的任务插入连接所得的主解，插入任务后的主解如图 5.15 所示。G_3

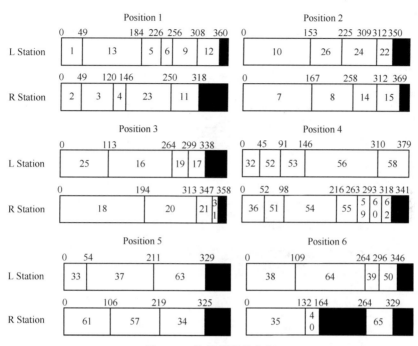

图 5.14 连接所得的主解

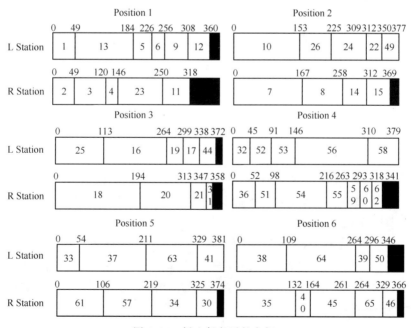

图 5.15 插入任务后的主解

中剩余的任务可以分配到一个工位上，最终，该位置被插入到主解的第二和第三位置之间，所得的解即为 A65 问题的最终解，如图 5.16 所示。

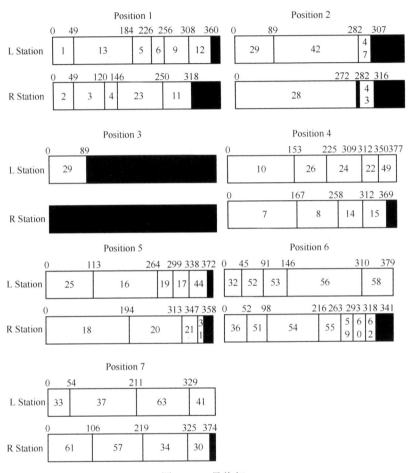

图 5.16　最终解

LBS$_{\text{left}}$＝4，LBS$_{\text{right}}$＝4，LBS$_{\text{either}}$＝6，由式（5.16）得 LBP＝7，比所得最终解的位置数少 1，这表示最终解的最大可能误差为 1。

3）节拍为 512 时的情况

G_1 和 G_2 的最优子解如图 5.17 所示，该子解由分支定界算法求得。

连接过程结束后，得到的主解如图 5.18 所示，NP＝5。连接过程没有减少位置，这意味着主解不一定是最优的，由分解过程产生的最大误差 PME＝DNP＝1，在连接过程中无法消除。

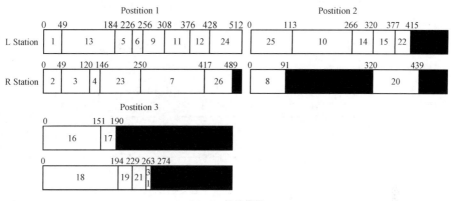

(a) G_1 的最优解

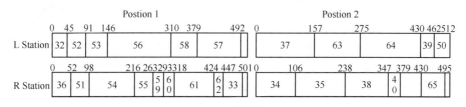

(b) G_2 的最优解

图 5.17 子问题 G_1 和 G_2 的解

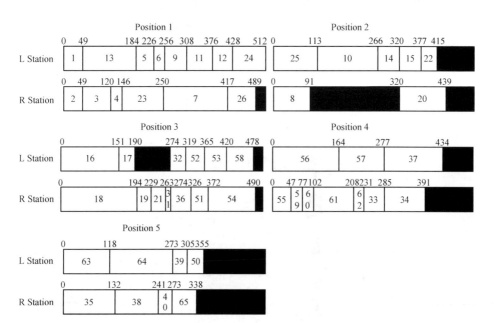

图 5.18 连接后的主解

　　将 G_3 中的任务插入连接后的主解，插入任务后的主解如图 5.19 所示。G_3 中剩余的任务可以分配到一个工位上，最终，该位置被插入到主解的第二和第三位置之间，所得的解即为 A65 问题的最终解，如图 5.20 所示。

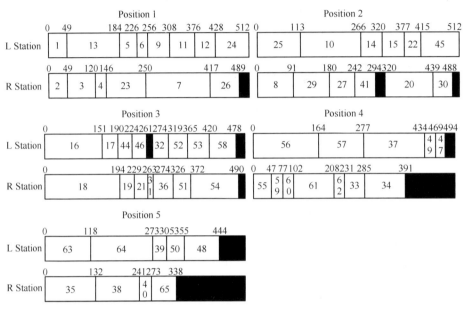

图 5.19　插入后的主解

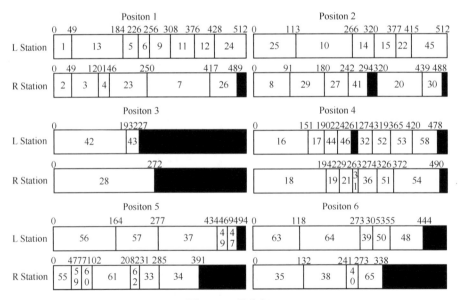

图 5.20　最终解

$LBS_{left}=3$，$LBS_{right}=3$，$LBS_{either}=4$，由式（5.16）得 $LBP=5$，比所得最终解的位置数少 1，这表示最终解的最大可能误差为 1。

4）节拍为 544 时的情况

G_1 和 G_2 的最优子解如图 5.21 所示，该子解由分支定界算法求得。

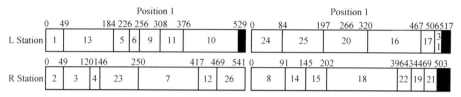

（a）G_1 的最优解

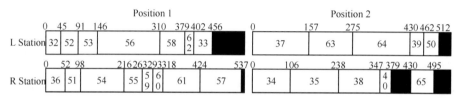

（b）G_2 的最优解

图 5.21　子问题 G_1 和 G_2 的解

连接过程结束后，得到的主解如图 5.22 所示，$NP=4$。连接过程没有减少位置，这意味着主解不一定是最优的，由分解过程产生的最大误差 $PME=DNP=1$，在连接过程中无法消除。

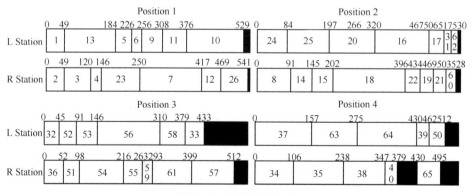

图 5.22　连接后的主解

将 G_3 中的任务插入连接后的主解，插入任务后的主解如图 5.23 所示。G_3 中剩余的任务可以分配到一个工位上，最终，该位置被插入到主解的第一和第二位置之间，所得的解即为 A65 问题的最终解，如图 5.24 所示。

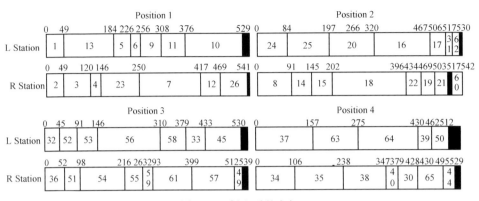

图 5.23　插入后的主解

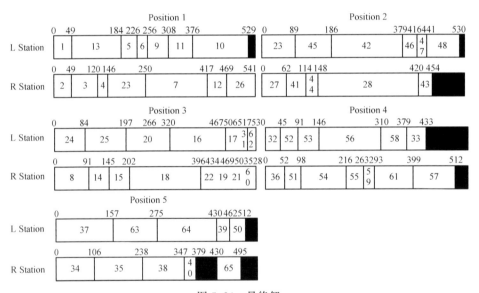

图 5.24　最终解

LBS$_{\text{left}}$＝3，LBS$_{\text{right}}$＝3，LBS$_{\text{either}}$＝4，由式（5.16）得 LBP ＝5，等于所得最终解的位置数，这表示最终解即为最优解。

工程机械、发动机等大型产品是我国装备制造业发展的重点。目前，此类产品装配线普遍存在装配效率低、制造成本高等问题。规划、建造高性能的装配线是提高效率、降低制造成本，缩短正产周期的有效途径之一。

精确算法能求得最优解，但是难以解决工程实际较大规模问题；启发式算法能解决大规模问题，但是难以控制解的误差。本章依据装配任务先序约束的特点，设计了分解策略，将较大规模问题分解为小规模子问题，然后利用分支定界算法求得子问题的最优解，经组合调整得到原问题的解，并估算最大可能误差。

本方法克服了精确求解的计算量庞大和启发式算法难以估算误差的缺点。实验表明，该算法能有效解决较大规模的双边装配线平衡问题。

参 考 文 献

［1］ Scholl A，Becker C. State-of-the-art exact and heuristic solution procedures for simple assembly line balancing. European Journal of Operational Research，2006，168（3）：666-693.

［2］ 胡小锋，闫杉. 基于分解策略的装载机装配线平衡研究. 中国科技论文，2012（08）：607-611.

［3］ Hu X F，Erfei W，Jinsong B，et al. A branch-and-bound algorithm to minimize the line length of a two-sided assembly line. European Journal of Operational Research，2010，206（3）：703-707.

［4］ Simaria A S，Vilarinho P M. 2-Antbal：an ant colony optimisation algorithm for balancing two-sided assembly lines. Computers & Industrial Engineering，2009，56（2）：489-506.

第6章 基于仿真的双边装配线平衡方法研究

在装配线平衡中，一般假定任务的装配作业时间是确定的，而在实际生产中，尤其是手工装配线，因为工人疲劳程度和技术能力的不同、装配工具性能的差异等随机因素的影响，导致装配作业时间的不确定性[1,2]，因此，规划、建造的装配线往往在实际运行时产能难以达到设计指标，而且某些任务的装配可能需要一些专用的工位或是一定技能的装配工人。显然，目前装配线平衡算法难以体现实际生产中的各种各样的约束，而且传统的设计方法只能解决静态问题，无法动态分析生产线实际的运行状况。而通过装配线仿真，则可形象地反应这些问题，并为问题的解决提供一种试验平台[3]。

本章考虑随机波动的工序时间，以系统产出为目标，基于仿真的方法，分别对定节拍双边装配线和异步双边装配线建立了仿真模型，并在分析它们各自不足的基础上，通过生产节拍的调整与优化、任务再分配和添加缓冲等方法进行装配线的改进。

6.1 双边装配线的仿真建模

6.1.1 仿真技术在装配线设计中的必要性及其作用

1. 仿真技术在装配线设计中的必要性

装配生产系统的研究、设计（改造）到投产往往需要大量的投资。以最近上海大众汽车股份有限公司为引入 Model S 车型而进行的生产线改造为例，投入需一亿多[4]。因此，生产线的建造或改造具有很大的风险性。根据研究资料表明，国内外现已运行的复杂制造系统，约有 80％没有完全达到当初的设计要求，主要的原因就在于初期规划的不合理或者失误[5]。因此，在生产线系统建立以前必须进行充分的分析论证和合理的规划设计。然而，传统的设计方法只能实现静态的分析，而无法动态分析生产线实际的运行状况。近年来，随着计算机仿真技术的研究发展，可在装配线规划设计阶段就对装配线进行模拟，对装配线布局、平衡方案和调度控制策略等方面进行测试，以便尽早地发现问题，而不是等生产线建造（改造）完成之后才进行测试，从而减少生产线设计的风险。在装配线平衡中，一般假定任务的装配作业时间是确定的，任务可以分配到任意工位，等等。

然而，在实际生产装配过程中，这些假设条件并不一定是恒成立的。在装配过程中（特别是对于手工装配线而言），任务的装配作业时间往往是随机的（一般呈正态分布），而且，某些任务的装配可能需要一些专用的工位或是需要一定技能的装配工人。因此，在实际的生产装配过程中存在着各式各样的约束，这些在目前静态分析的装配线平衡算法中难以体现。目前，日益发展成熟的计算机仿真技术为此提供了一种处理方法，通过进行装配线仿真，可以形象地反映、分析和处理这些动态的因素，有助于进一步完善装配线的规划。

2. 仿真技术在装配线设计中的应用

一般来讲，装配线的需求可分为两类：建造新的装配线和在原有的装配线基础上进行改造或扩建。无论是何种情况，为保证装配线能完成预定的生产任务，具有很好的经济性、稳定性，减少投资风险，采用先进的计算机仿真方法对系统进行周密的总体规划设计具有很重要的意义。计算机仿真在生产线规划设计、运行中的应用主要有以下几种：

1) 分析比较不同设计方案的优劣

基于仿真，可以定量地分析、评价设计中各项参数设置，包括装配线移动速度、缓冲区的设置、物流配送路线和生产线人员的配置，以及预测产品的生产周期、估计在制品的数量、分析与预测生产线的生产能力和生产系统瓶颈等。避免需要在实际装配线上直接进行调试，降低装配线开发的风险和成本。

2) 模拟实际的生产状况

在实际的生产中，装配线的运行状况与理论研究条件有所不同。在实际装配过程中，任务的装配作业时间是随机的，一般呈正态分布，而不是常量，保持一成不变；另外，像装配时所用的工装夹具、工具等并不总是随时可用的，出于成本或是由于空间位置等约束，一些装配操作可能要共用一些设备，如大型吊车等，因此需要考虑因资源动态分配对工人装配作业的影响，等等。像这种由于动态变化的因素对装配线平衡的影响，很难通过静态的分析方法进行研究，需要借助计算机仿真方法来进行模拟分析和优化。

6.1.2　面向对象的仿真建模方法和软件

装配生产线属于复杂的离散事件动态系统，对于装配线仿真就是建立离散事件动态系统仿真模型，并在计算机上运行这个模型，研究分析模型的行为、结果。在仿真技术中，建模质量的好坏将直接影响仿真结果的可信度。因此装配生产线仿真的一个重要内容就是如何建立能客观反映实际情况的仿真模型。目前，国内外用于离散事件系统建模的方法主要有 Petri 网法、排队网络法、极大代数法、扰动分析法和活动循环图法等[6~12]。利用这些传统的建模方法,设计仿真程序时,存在着一些不足。首先,在模型的建立和编制过程中需要耗费大量的时间。其次,这些方法的描述能力有限,只能表达相对简单的系统动态变化过程,很难包含制造系统的设计和运行控制等多方面的因素,如生产计划、工艺流程和设备资源等信息。因此,采用集建模、运行、监控和分析于一体的仿真软件平台进行建模已成为一种新的趋势。这些仿真软件一般都具有对象化的特点,实现了结构化非语言(正文和图形方式)建模环境,同时运用计算机图形技术动画显示系统的运行过程,并能实现实时监控和可视化分析。

面向对象的建模方法的出发点和基本原则是尽可能模拟人类习惯的思维方式,使开发软件的方法与过程接近人类认识世界、解决问题的方法与过程。面向对象的仿真建模可根据系统提供(或自建)对象、约束等来构造仿真模型,具有内在的可扩充性、可重用性。与传统仿真建模方法着重研究系统的动态过程不同,它通过描述组成系统的对象特征、行为,以及它们之间的相互关系来进行系统建模,实现了系统中物流、信息处理和决策控制行为的分离,从而提供了更为自然的、高度可重用的建模结构,是进行离散制造系统建模的有力工具。利用对象作为构造仿真模型的基本架构单元具有三个明显的优点:

(1) 能使系统的抽象表达与实际系统中的概念和构成尽可能保持一致;

(2) 系统中对象的描述一致,建立的模型易于扩充、重用;

(3) 系统分析、设计和实现都基于同一概念,避免了系统基本表达在各个阶段中的转换。

目前在装配线仿真建模方面,涌现出多种基于对象的建模软件,如 Plant simulation、Flexsim、Delmia/QUEST、Factory Programs 等[13~25]。其中 Technomatic 公司开发的 Plant simulation 软件在汽车等制造业中应用较广,因为它具有以下四个特点。

(1) **系统集成性**:Plant simulation 可以无缝地集成 UG 等三维产品建模软件、PLM 等产品全生命周期数据管理软件和 eM-Planner 等布局规划软件,有利于数字化工厂的整体研究和开发;

(2) **用户环境**:Plant simulation 提供多种仿真应用对象,为仿真模型的建立提供了方便,减少了建模的工作量;

(3) **层次化结构**:Plant simulation 可以实现多层次的系统建模,更符合工厂实际的模块化、层次化管理风格;

(4) **二次开发**:Plant simulation 最大的特点之一就是提供了一种面向对象的高级仿真语言(Simple＋＋)。基于该编程语言,可对应用对象、信息等进行定制,使建立的仿真模型与实际的生产环境保持最大限度的一致,提高仿真结果的可信度、有效性。

对象是 Plant simulation 建模的基本元素，在 Plant simulation 中，被系统处理的实体表现为"移动对象"；资源表现为"物流对象"，其中的设备和场地表现为"生产类物流对象"，服务表现为"资源类物流对象"；实体的属性和属性值表现为对象的参数和参数值；事件表现为对象的事件；事件发生时所执行的动作表现为执行指派给事件的程序段。

在装配线仿真中，用到的对象主要用有：窗口（frame 🗗）、连接器（Connector 🔩）、工件产生源（Source ⇥）、工件（entity ⊞）、工作站（Singleproc ⬛）、工件回收（drain ⬛）、程序执行（method Ⓜ）、数据存储（Tablefile ⊞）、表格信息显示图表（chart 📊）、仿真控制器（EventController 🕐）、下线工件存储（Store ⊞）、缓冲（buffer ▱）、重复实验控制和变量（Variable ▣）、实验工具（Experiment 🧰）等。

6.1.3　装配线建模与仿真的过程

建立装配线仿真模型是一个循环进化过程。首先需要收集实际的数据并将其转换为计算机仿真所需要的变量，然后初步建立一个模型对实际情况进行模拟，得出仿真结果后与实际情况相比较，之后对仿真模型进行修改，再利用仿真运行得到的中间结果再次修改，最终经过几次循环，得到与我们所要模拟的对象相一致的最后模型。装配线的建模和仿真一般需要以下几个过程：

1. 项目描述

首先要确定目标，也就是使仿真项目的目的明确。例如，为什么要提出问题，想要回答哪些问题，写出项目的定义并且在以后的项目过程中反复考虑，因为仿真研究的目的决定结果。

2. 项目设计

创建一个模型的概念，包括它的初始值、模型元素、变量、运行逻辑，以及仿真实验的初步描述等。列出所有要建立模型的功能单元清单，包括哪些参数需要更改，哪些数据需要收集，以及如何处理这些数据。考虑哪些功能单元有同样的或相似的功能，将它们结合起来得到一个应用对象的清单。考虑重新使用的已经存在的对象，建立对象清单。定义并描述信息流和物流的界面，列出重置和初始化方法。

3. 找出所需数据及获得途径

及早确定执行仿真实验所需要的数据，通常获取数据的过程需要耗费大量的时间以及工作，确保将获取数据的任务指定到具体的个人。

4. 建立仿真模型

以最简单、最基本的形式创建第一个仿真模型版本。建立所需的应用对象，并逐一进行测试。确定所有的对象可以正常工作以后，将所有的模型放在一起。建立清晰有序的模型相关文档，因为六个月或者一年之后，可能不会记得曾经如何完成一个特定的任务或者为什么要解决一个特别的问题。

5. 验证仿真模型，检查有效性

完成对仿真模型的建立之后，需要对它进行检查，如检查建立的部件是否执行程序指定的任务。首先对创建的每个对象进行测试，检查其是否具有正确的机能及同步性。之后将对象与其他对象结合起来测试，然后在整个模型中测试。整个过程中要确保所有的参数都进行了正确的赋值。一旦完成了对模型的验证，检查了它的有效性，就要确保模型具有所希望的功能，并能转换成计划或实际装置的功能，观察结果是模糊的还是可信的。将一些关键的结果进行估计，然后与仿真结果进行比较。将所建模型介绍给一个生产或计划专家，并与其共同讨论结果、过程及建模方法。

6. 执行仿真实验收集结果

根据最后的仿真计划执行仿真实验以便获得期望数据。进行多次仿真运行时，准备好参数及模型的变更以获得可靠的结果。

7. 分析实验结果

对仿真试验的结果进行分析和解释，对最重要的参数、数据，以及结果进行灵敏度分析。

8. 创建整个仿真项目的最终文档

一旦完成仿真项目，需要更新建模过程中做的笔记，创建整个仿真项目的最终文档。当对仿真模型或者任何组件进行更新或扩展时，这个文档会有所帮助。执行仿真实验是一个循环和进化的过程，在当前的仿真运行中加进新的元素时，需要多次修改来改进最初的模型。一般，在连续更改最初模型几个循环之后才会得到最终的仿真模型。

6.2　基于仿真的随机双边装配线稳定性分析

本节考虑工序时间波动带来的影响，以某装载机双边装配线为研究对象，分别针对多种不同节拍时间的分配方案进行建模仿真，分析出装配线系统产出、生产节拍和工序时间随机波动之间的关系，并求出不同波动下的最优生产节拍。

在装配线平衡问题（simple assembly line balancing problems，SALBPs）中，所有任务的处理时间都认为是确定的，但是由于多种因素（如员工技能、疲劳程度、产品材料成分的改变、产品和工作站的特点等）的影响，这些时间在装配线实际运行过程中是变动的。考虑这一点，在已有研究中通常采用随机加工时间[26~31]和模糊加工时间[32~34]表示。在随机模型中，工序时间通常假定为服从已知均值和方差的正态分布的独立随机变量；而在模糊模型中，工序时间为给定隶属函数（可能性分布）的模糊区间[35]。

6.2.1　装载机双边装配线实例

在进行装配线平衡之前，首先要对实际的生产装配问题进行研究分析，包括获得装配一个完整产品（或半成品）所需完成的各项任务、每项任务的装配作业时间，任务之间的装配优先顺序和任务对操作方位的约束，等等。根据这些信息，将实际生产装配问题抽象为一般的双边装配线平衡问题。然后，运用各种平衡技术，对装配线进行平衡，根据平衡结果来组织安排生产。

1. 制定任务装配作业时间

在进行装配线平衡，准备将任务分配到各个工位之前，首先要确定每个任务装配所需的作业时间。对于每个任务而言，理论上存在一个"标准作业时间"，就是一个熟练的作业人员在正常的情况下，以合理的劳动强度和速度、合理的操作方法，完成符合质量要求的产品（或半产品）装配所需的时间[36]。

关于标准作业时间的测定有多种方法，最常用的有秒表测时法和预定动作时间标准法。

1）秒表测时法

秒表测时法是作业测定技术中的一种常用方法，也称"直接时间研究-密集抽样"（direct time study-intensive samplings，DTSIS）。它是在一段时间内运用秒表或电子计时器对操作者的作业执行情况进行直接、连续地观测，把工作时间和有关工作的其他参数，以及与标准概念相比较的对执行情况的估价等数据，一起记录下来，并结合组织所制定的宽放政策，来确定操作者完成某项工作所需的标准时间的方法[37]。

秒表测量法的具体操作步骤：

a. 收集资料

在测试之前需要收集的主要资料包括：研究内容、制造的产品或零件、制造程序、方法、工厂或机器、操作者、研究的期间、工作环境等。

b. 划分操作单元，确定定时点

划分原则：

（1）每一单元有明显的起点和终点，明确分解点；

（2）单元时间越短越好；

（3）人工操作单元应与机器单元分开；

（4）尽可能使每一人工单元内的操作动作为基本动作，以便于辨认；

（5）不变单元与可变单元应分开；

（6）规则单元、间歇性单元和外来单元应分开；

（7）每一单元应有完整而详细的说明。

c. 测量时间

（1）确定观测方法。一般默认采用连续测时法。

（2）确定观测次数。按照误差界限法确定观测次数 N（设误差为 $\pm 5\%$，可靠度为 95%）：

$$N = \left[40\sqrt{n \sum x_i^2 - \left(\sum x_i\right)^2} \Big/ \sum x_i \right]^2 \tag{6.1}$$

式中，x_i 为每一次秒表读数；n 为试行先观测的次数。

（3）进行观测记录。将每一操作的具体时间进行记录，特别地，要分别记录每一操作的完工时间，还有计算每一操作的持续时间 $TT = R - R_{前}$（R 为终止时间）。最终制作完成记录表，如表 6.1 所示。

（4）剔除异常值。记录之后即着手计算和综合。首先应计算各操作的平均值，但在计算平均值之前，必须检查分析并剔除观测数值内的异常值。常用的方法为三倍标准差法。

设对某一操作单元观测 n 次，所得时间为：X_1，X_2，X_3，…，X_n；则平均时间和标准偏差分别为

$$\overline{x} = \frac{x_1 + x_2 + \cdots + x_n}{n} = \frac{\sum\limits_{i=1}^{n} x_i}{n} \tag{6.2}$$

$$\sigma = \sqrt{\frac{(x_1 - \overline{x})^2 + (x_2 - \overline{x})^2 + \cdots (x_n - \overline{x})^2}{n}} = \sqrt{\frac{\sum\limits_{i=1}^{n}(x_i - \overline{x})^2}{n}} \tag{6.3}$$

表 6.1　连续测时法记录表

周程	① T	② T	③ T	④ T	⑤ T	符号	外来单元 T	说明
1	13.13	8.28	16.53	X（失去记录）	10.67	A	90.25	更换皮带
2	12.84	9.04	17.27	7.39	/（省略单元）	B	30.66	更换并调整螺丝
3	13.54	8.72	17.05	6.85	11.22	C		工具掉地上，拾起擦灰，并调整
4	13.36	8.53	16.36（外来单元(1)）	6.28	10.38	D		
5	12.52	8.68	16.87	7.31（外来单元(2)）	11.49	E		
6	12.64	8.81	17.01	6.43（外来单元(3)）	10.41	F		
7						G		

正常值为 $x \pm 3\sigma$ 内的数值，超过者即为异常值，如图 6.1 所示。

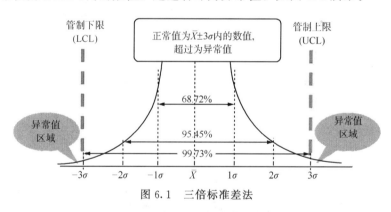

图 6.1　三倍标准差法

（5）计算平均操作时间。决定每一单元的平均操作时间剔除了异常值后，每一操作所有时间值的算术平均数，即为其平均操作时间，即

$$每一动作的平均操作时间 = \frac{\sum(观测时间值)}{观测次数} \tag{6.4}$$

d. 确定标准时间

在上一步中的计算得到的平均操作时间即可认为是观测时间，之后记录人员会通过经验等知识将所观测时间与自己理想时间（正常时间）进行评比，从而得到操作任务的正常时间。常用的评比方法有 60 分法和 100 分法。

$$正常时间 = 观测时间 \times \frac{时间研究人员的评比}{标准评比} \qquad (6.5)$$

得到所有任务的正常时间之后，工作人员考虑日常生产中的可能遇到的私事、疲劳、程序、特别情况、政策等各种状况计算出一定的宽放时间，正常时间加上宽放时间即可得到每个任务的标准时间，如图 6.2 所示。

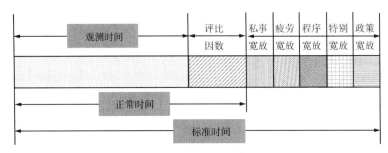

图 6.2　标准时间的计算方法

2）预定动作时间标准法

秒表测时法直观易懂，但是在具体操作上存在一些问题。首先，它必须要在生产效率达到一定稳定的水平才可以实施。其次，针对所得的数据处理（如评比系数、宽放率等设置）难免受主观因素影响，容易让车间作业人员质疑。另外，针对每个产品的每一次作业，都需耗费大量的人力进行测量，成本太高。针对秒表测时法所存在的不足，研究人员提出预定动作时间标准系统（predetermined time system，PTS）来测量作业的标准时间。PTS 通过预先为各种动作制定时间标准来确定进行各种作业所需的装配时间，而非通过现场观测进行时间分析。目前，全球约有 40 余种 PTS 方法[38]。在汽车、装载机等装配方面，常用 PTS 法有 WF（work factors）、MTM（method time measurement）等方法。

其中，MTM 法是在 1940 年由美国西屋电气公司的梅纳德（H. B. Maynad）等研究提出的[39]。MTM 法将操作分解为"伸向"、"移动"、"抓取"、"定位"、"放下"、"拆卸"和"行走"等动作要素，并将各种动作要素的时间标准制作成表，供技术人员查询使用。

MTM 法对动作的性质和条件等划分十分精细，要求使用者具有很高的技术水平，否则将极易发生动作要素误判等情形，影响时间分析的精度。因此，研究人员纷纷对 MTM 法进行简化，提出使用更加简单的 MTM 系统。

MTM-UAS（motion time measure-universal analyzing system）属于第三代 MTM 系统，它是通过组合 MTM-1 基本方法中的动作单元发展起来的。与第一代 MTM 法相比，MTM-UAS 只含有很少的动作单元（拿取、放置等），略去了不太重要的动作要素，减少了数据的处理量。这不仅可以提高研究人员对作业分析的速度，而且，也降低了编码判断的失误。研究表明，MTM-UAS 法特别适用分析那些节拍时间较长（大于 60s）的大批量生产方式，如卡车、装载机等装配生产。目前，MTM-UAS 法在德国机械加工、汽车等生产领域有着广泛的应用，在国内汽车制造企业中（上海大众等）也应用甚广。

本书采用 MTM-UAS 法来分析所研究的 ZL50F 装载机中各装配任务的作业时间。以装载后平衡块操作为例，分析该任务的装配作业时间，如表 6.2 所示。

表 6.2　动作时间分析

*** 公司		MTM-UAS 表格			页数：	第 * 页，共 * 页		
		制作者：		***	日期：	***		
		地点：		***	电话：	***		
UAS（Universal Analyzing System）		工人：		***	工位：	***		
序号	说明	代码	距离	TMU	频次	Σ/TMU	Σ/s	Σ/min
	装后平衡块						273	
01	走到机械手旁	KA		25	5	125	4.50	0.075
02	移动机械手，走向料箱	AL	3	115	2	230	8.28	0.138
03	精确定位	VA		15	6	90	3.24	0.054
04	打开夹头	BA	3	40	4	160	5.76	0.096
05	夹紧后平衡块	BB	3	60	4	240	8.64	0.144
06	抓起后平衡块	HB	3	85	1	85	3.06	0.051
07	移动后平衡块到车身旁	WA		25	6	150	5.40	0.090
08	精确定位	VA		15	6	90	3.24	0.054
09	安装	PT		6000	1	6000	216.00	3.600
10	打开夹头	BA	3	40	4	160	5.76	0.096
11	机械手归位	AL	3	115	2	230	8.28	0.138

注：表中 TMU 为 MTM-UAS 方法的单位，1 个 TMU 等于 0.036s。

2. 任务装配次序和操作方位分析

假定工序时间 t_i 服从独立正态分布，$t_i \sim N(\mu_i, \sigma_i)$，$\forall i \in I$，其中 I 为任务集，$I = \{1, 2, 3, \cdots, i, \cdots, M\}$。再基于 MTM-UAS 法对 ZL50F 装载机中各任务的装配作业时间进行分析，可以得到各任务的标准作业时间，如表 6.3 所示。再结合产品功能、装配工艺等要求，可以确定任务之间的装配作业顺序。不同数字的圆圈代表了对应编号的工序任务，括号内的数字表示对应工序时间的平均值；箭头表示两端任务操作的先后关系，即要求箭头前面的工序完成后才能进行箭头后面的工序。

表 6.3 装载机任务装配作业时间

序号	作业内容	时间/s	序号	作业内容	时间/s	序号	作业内容	时间/s
1	车体上线	68	21	装单稳阀	86	41	装燃油箱	235
2	装下平衡块	331	22	装铰接头软轴	80	42	装驾驶室	76
3	装后平衡块	273	23	装进回油管	120	43	变速机构连接	130
4	装左动臂缸	150	24	动臂缸胶管连接	160	44	操纵机构连接	70
5	装右动臂缸	150	25	转向缸油管连接	64	45	油门拉杆连接	80
6	装左动臂缸钢管	170	26	装前加力泵	128	46	连手刹车	55
7	装右动臂缸钢管	170	27	装全车线	200	47	装暖风机工具箱	660
8	装电池继电器	50	28	装后加力泵	204	48	操纵软轴固定	35
9	装电瓶线	100	29	装发动机	82	49	加力泵气管连接	64
10	装多路阀	193	30	装滤清器	90	50	装转向器油管	64
11	装转向缸进油管	83	31	装水箱	318	51	装左轮胎	285
12	后桥油管连接	110	32	装压力油管	108	52	装右轮胎	285
13	注润滑油脂	38	33	连气管	90	53	装仪表盘	503
14	装放气嘴	148	34	马达电线连接	283	54	电线连接	60
15	装储气罐	178	35	装油门	60	55	装左平台护栏	250
16	装机油冷却器	96	36	装加油管	270	56	装右平台护栏	250
17	装储气罐气管	120	37	装变速泵吸油管	60	57	装左蓄电池	258
18	装油水分离器	79	38	装发动机罩	80	58	装右蓄电池	258
19	装气压表	64	39	油管连接	260	59	装座椅	85
20	装下部机构	71	40	装机油箱	513			

　　根据任务安装的区域，确定各个装配任务的操作方位。装配任务约束关系字符 L（R）表示任务只能在装配线左（右）边操作，E 表示任务可以在装配线左右两边的任何一边操作。

3. 平衡问题描述

　　通过对 ZL50F 装载机装配过程的研究分析，可得完成一台装载机装配所需的步骤、每个步骤（装配任务）所需花费的时间，以及各装配任务之间的优先顺序关系约束和任务的操作方位属性。将这些信息集中起来，可将实际的 ZL50F 装载机装配线平衡问题抽象为一般形式的双边装配线平衡问题（先序图），如图 6.3 所示。

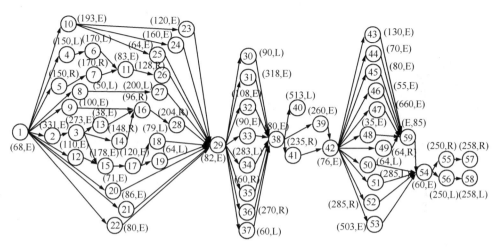

图 6.3　装载机的装配任务的先序图

针对抽象而得的 ZL50F 装载机装配线平衡问题，首先，采用本书所提出的基于"序列组合"编码的遗传算法来平衡 ZL50F 装载机装配线（关于遗传算法中参数设置，详见第 3.2 节；下文中给出的平衡解为 10 次运行所得的一种最优任务分配方案），得到结果为：生产节拍时间为 750s，现有的任务分配方案需要启用装配线 8 个"位置"（共开启 16 个工位），装配线的平衡率为 79%。将此结果作为基准解，在此基础上进行改进：分别采用第 3 章中的遗传算法对装载机装配线进行任务分配，得到此时分配方案，如表 6.4 所示。之后，再结合调研得到的该条装配线的年产量、实际生产时间和班次安排，得出该条装配线的理想产能，以及实际产能范围。为了更加充分地说明问题，假定此方案都已经应用于实际生产，分配方案已经确定，本节分别针对四种不同的理想产能进行仿真并进行装配线稳定性分析。

表 6.4　已获得的最佳分配方案

工位（位置）	方案
1（1 左）	1，2，12，9，8
2（1 右）	21，22，20，10，24
3（2 左）	4，6，3，13
4（2 右）	23，5，7，25，11
5（3 左）	27，15，17，18，19
6（3 右）	14，16，26，28，29
7（4 左）	37，32，33，30，34
8（4 右）	31，35，36

续表

工位（位置）	方案
9（5左）	38，40
10（5右）	39，41，42
11（6左）	46，53，44
12（6右）	47
13（7左）	48，50，51，59，54
17（7右）	45，49，43，52
15（8左）	56，58
15（8右）	55，57

6.2.2　建模仿真

根据装载机装配线的先序图、工位任务分配表和工序时间随机波动的方差，在 Plant Simulation 中建立该装配线的仿真模型，如图 6.4 所示。

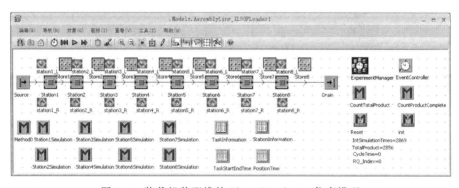

图 6.4　装载机装配线的 Plant Simulation 仿真模型

图中，⏱表示时间控制器，用来控制装配线仿真的时间，是仿真模型的"总开关"；Ⓜ表示初始化程序，用来控制物料源的物料供给；Ⓜ表示复位程序，用来将每次仿真后的装配线状态复位到初始化位置；▦表示数据表格，用来输入和输出数据信息；⇥表示物料来源，用来控制装配线的物料源；▦表示工作站，模拟实际装配线中的工作站，每个工作站有左右两个工位；❖表示工人。分布在工作站左右，模拟双边装配；▦表示物料存放区，当工作站的实际工作时间超过工作节拍时，工件下线进入存放区；⇥表示产品下线，用来控制和记录产量；Ⓜ表示子程序，用来控制每个工作站的工作情况、计算产量、初始化装配线状态等；▦表示仿真的模拟器，用来分析产量波动及分布的控件。

具体建模过程为：

1. 仿真模型的输入参数与输出参数

在装配线仿真模型中，通过给定工序时间、方差、工序约束关系及任务分配等信息建立工序信息表（TaskInformation ▨ ）和任务分配表（StationInformation ▨ ），经过仿真模型的仿真重现，输出工序的开始结束时间表（TaskStartEndTime ▨ ）、工位的开始结束时间表（PositionTime ▨ ）、对应的系统产出（TotalProduct Ⓜ ）等，如图 6.4 所示。

工序时间及初始方差参数表如图 6.5 所示，task _ id 指工序任务编号，task _ content 指工序任务内容，task _ proctime 指工序时间均值，task _ RQ 指工序时间的方差，task _ DS 指该工序的紧邻后续任务集合。借鉴随机型双边装配线已有的研究成果，取标准差为 $\sigma_i = 10\% \ t_i^{[40]}$，$\sigma_i = 5\% \ t_i^{[41]}$，$(i=1, 2, 3, \cdots, M)$。

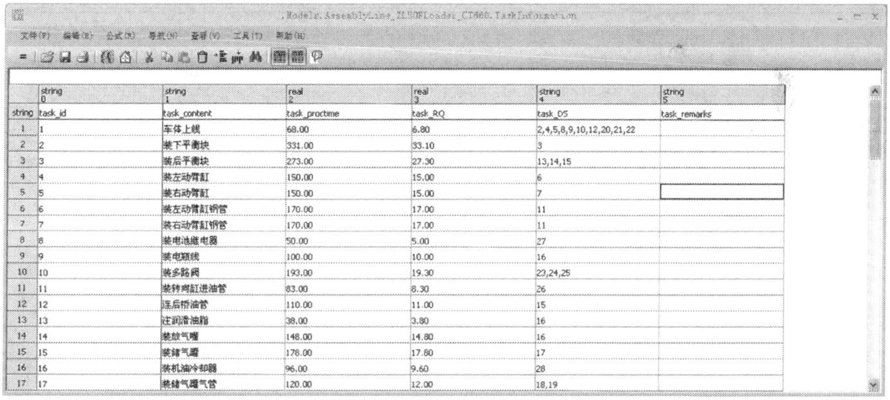

图 6.5　仿真中工序时间及初始方差参数表

某一特定任务分配方案对应的任务分配表如图 6.6 所示，position _ id 指工位编号，position _ side 指工位在装配线的左边（L）或者右边（R），positiontask _ number 指工位所分配的任务，task1～ task7 指该工位依次分配的工序任务。该分配方案对应的仿真输出如图 6.7 和图 6.8 所示。图 6.7 是任务开始结束时间表，其中 SimulationTimes 指采集数据对应的仿真次数，Task19StartTime、Task19EndTime 分别是工序任务 19 的开始时间和结束时间；图 6.8 是工位开始结束时间表，LPosition1StartTime（RPosition1StartTime）、LPosition1EndTime（RPosition1EndTime）分别对应 1 工作站左（右）侧相对开始时间和结束时间。

图 6.6　仿真中某一特定任务分配方案对应的任务分配表

	position_id	position_side	positiontask_number	task1	task2	task3	task4
1	1	R	4	1		3	4
2	2	L	0				
3	3	R	1	5			
4	4	L	0				
5	5	R	0				
6	6	L	5	6	7	8	9
7	7	R	0				
8	8	L	3	11	12	13	
9	9	R	0				
10	10	L	3	14	15	16	
11	11	R	2	19	20		
12	12	L	2	17	18		
13	13	R	0				
14	14	L	4	21	22	23	24

图 6.7　仿真中任务开始结束时间表

	SimulationTimes	Task1StartTime	Task1EndTime	Task2StartTime	Task2EndTime	Task3StartTime	Task3EndTime	Task4StartTime
16	16	0.0000	1:03.9516	1:03.9516	6:27.8417	5:12.8699	9:26.7936	0.0000
17	17	0.0000	1:11.7089	1:11.7089	6:38.0396	5:31.9098	10:16.9473	0.0000
18	18	0.0000	55.2495	55.2495	6:49.2735	5:49.9587	10:34.9860	0.0000
19	19	0.0000	1:05.6167	1:05.6167	7:05.9891	5:41.3142	10:29.7252	0.0000
20	20	0.0000	1:22.4469	1:22.4469	6:52.0811	5:13.9337	10:19.0192	0.0000
21	21	0.0000	59.6878	59.6878	6:49.5824	5:12.5003	9:00.6900	0.0000
22	22	0.0000	1:09.4060	1:09.4060	6:45.2514	5:06.0452	9:54.7261	0.0000
23	23	0.0000	1:06.7132	1:06.7132	6:28.4762	6:04.3154	10:10.3096	0.0000
24	24	0.0000	1:19.8911	1:19.8911	6:53.2443	5:12.8616	9:17.1481	0.0000
25	25	0.0000	1:03.1864	1:03.1864	6:46.5835	5:30.9949	10:30.3476	0.0000
26	26	0.0000	1:13.4276	1:13.4276	6:47.5076	5:36.2176	10:12.4063	0.0000
27	27	0.0000	1:06.6195	1:06.6195	6:13.0595	5:09.9312	9:56.3172	0.0000
28	28	0.0000	1:01.5300	1:01.5300	5:58.6896	5:18.6513	10:23.1282	0.0000
29	29	0.0000	1:05.3043	1:05.3043	6:37.0820	5:07.3171	9:27.1385	0.0000
30	30	0.0000	1:20.9579	1:20.9579	7:34.5663	5:30.5439	10:54.2882	0.0000
31	31	0.0000	1:08.4045	1:08.4045	6:01.3046	5:06.6952	10:11.3307	0.0000
32	32	0.0000	1:02.0691	1:02.0691	6:12.3753	5:01.1422	9:53.8939	0.0000
33	33	0.0000	1:16.5176	1:16.5176	7:02.7898	5:10.5138	10:04.6560	0.0000
34	34	0.0000	1:13.5774	1:13.5774	6:50.0646	5:12.1322	9:08.7385	0.0000
35	35	0.0000	1:00.9957	1:00.9957	6:16.8935	5:43.8410	10:18.3810	0.0000

图 6.8　仿真中工位开始结束时间表

	SimulationTimes	RPosition1StartTime	RPosition1EndTime	LPosition1StartTime	LPosition1EndTime	RPosition2StartTime	RPosition2EndTime
11	11	12:10.2759	22:37.1947	12:10.2759	23:02.8863	23:02.8863	32:48.8126
12	12	23:02.8863	34:07.2717	23:02.8863	33:30.7090	34:07.2717	44:14.6493
13	13	34:07.2717	44:46.0062	34:07.2717	45:35.7538	34:07.2717	43:19.1304
14	14	34:07.2717	45:20.3169	34:07.2717	45:59.9740	34:07.2717	43:34.9450
15	15	34:07.2717	45:23.6110	34:07.2717	46:31.5853	46:31.5853	56:19.3687
16	16	46:31.5853	56:45.9482	46:31.5853	57:29.3235	57:29.3235	1:07:30.3959
17	17	57:29.3235	1:08:32.5221	57:29.3235	1:08:32.4995	1:21:40.0000	1:30:56.1012
18	18	1:21:40.0000	1:32:26.5122	1:21:40.0000	1:32:59.4579	1:33:20.0000	1:43:06.3350
19	19	1:33:20.0000	1:44:50.0146	1:33:20.0000	1:44:29.6145	1:44:50.0146	1:55:00.2090
20	20	1:44:50.0146	1:55:59.2235	1:44:50.0146	1:55:54.4281	2:08:20.0000	2:17:28.7046
21	21	2:08:20.0000	2:18:59.9774	2:08:20.0000	2:19:39.5420	2:19:39.5420	2:29:43.5489
22	22	2:19:39.5420	2:30:26.5507	2:19:39.5420	2:30:50.1179	2:30:50.1179	2:40:34.0647
23	23	2:30:50.1179	2:41:10.3246	2:30:50.1179	2:50.9557	2:41:50.9557	2:52:01.4929
24	24	2:41:50.9557	2:52:56.2241	2:41:50.9557	2:53:27.0354	2:53:27.0354	3:03:53.3934

2. 仿真模型的初始化设置

仿真模型的初始化设置就是在仿真开始的时候，对工序的开始结束时间表、工位的开始结束时间表、对应的系统产出的初始化，并模拟装配线日常开始装配时的情况，要求每个工位上都有一个工件在进行加工。在用 Plant Simulation 软件建模仿真时，就需要在仿真之前进行初始化，各种数据设置及表格的初始化程序如附录 A1 所示，在触发仿真时立即执行这些程序。然后进行装配线初始化设置，执行 Init 中程序如下所示：

current. Source. ExitCtrlFront：＝true；—当前仿真模型中 Source 对象出口处前端触发开启

current. Source. ExitCtrlRear：＝false；—当前仿真模型中 Source 对象出口处后端触发关闭

装配线初始化设置后，标志着仿真进入装配线初始化阶段，程序如附录 A2 所示，该 Method 设置在 Source 出口处前端触发，具体设置如图 6.9 所示，在工件准备离开物料来源▶时执行该程序。

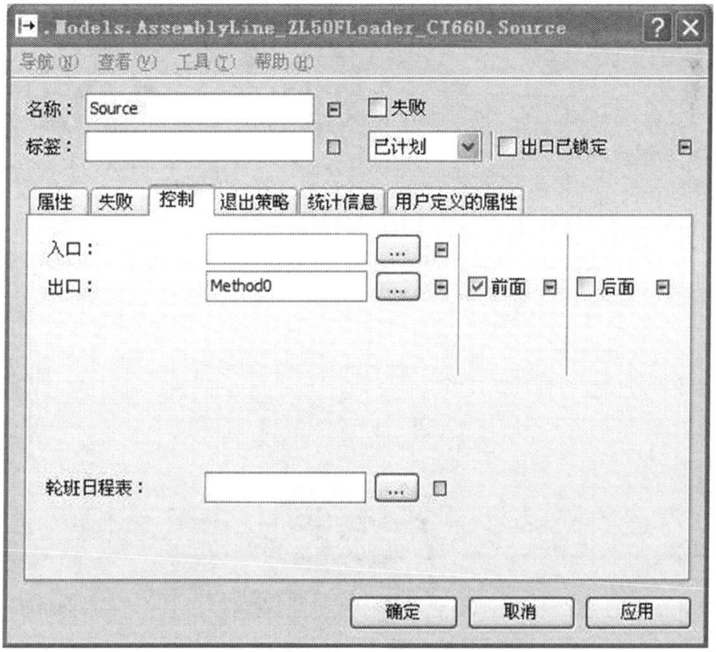

图 6.9　装配线初始化程序执行过程的设置

3. 装配线仿真运行过程

仿真运行过程首先要进行的就是将仿真状态从初始化状态转换到仿真运行状态，即当各个工位上都已经完成工件的放置后，工件在某个工位上完成后方可进入到下一个工位时，在 Method0 中进行转换状态变换，状态转换程序可简单表述如下：

current. Source. ExitCtrlFront：＝false；——当前仿真模型中 Source 对象出口处前端触发关闭；

current. Source. ExitCtrlRear：＝true；——当前仿真模型中 Source 对象出口处后端触发开启。

转换完成后将在工件离开物料来源 ⊞ 后执行该程序 Method0，如图 6.10 所示，将在 Source 出口处后端触发 Station1 的仿真过程，在 Method0 中，判断初始化设置结束并执行 Station1Simulation，程序执行如下：

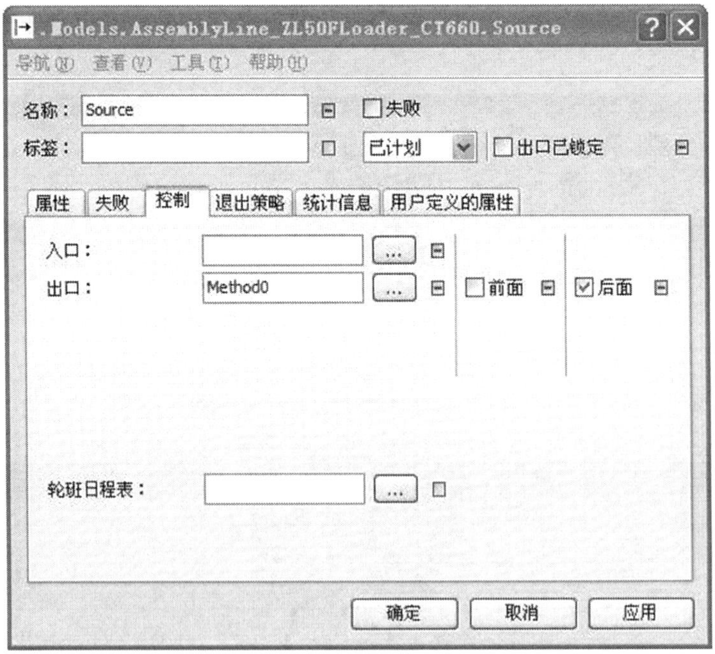

图 6.10　仿真状态切换完成后物料来源离开策略设置

if number＞＝9 then 装配线初始化结束，状态转为装配线运行标志；

current. Station1Simulation；——当装配线 8 个工作站初始化结束后，执行工作站 1 的仿真；

end；

　　当切换到仿真运行状态后，工件在某一工位上完成后，将执行一段程序来生成下一个工位的加工时间，以便让该工件到下一个工位时其加工时间就是此程序生成的新的加工时间，以 Station1 完成进入 Station2 为例，将触发 Station2Simulation 程序，具体程序如附录 B1 所示，设置在工作站 Station1 的出口处后端触发，具体如图 6.11 所示。

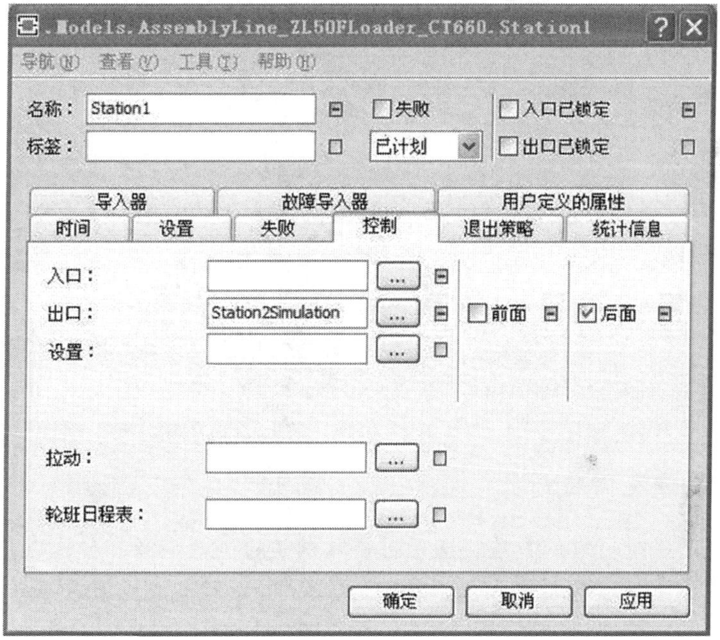

图 6.11　Station2Simulation 程序在 Station1 中的触发设置

4. 数据采集

　　在装配线的仿真运行过程中，就可以同时完成工序和工位开始结束时间的采集，这里重点放在装配线产品上线、下线、完成情况等信息的采集。在时间控制器中给定时间是 100 天，模拟工作 100 天，每天工作时间为 8 个小时，得到产量和各个工作站作业时间状况，然后通过产量等信息对装配线进行评价。产品上线信息的采集代码如 C1，在 Station1Simulation 程序执行开始时进行该信息的采集，产品的完成和下线等情况可以通过在 Drain 的入口处采集，具体设置如图 6.12 所示，CountProductComplete 的程序代码如附录 C2 所示。

图 6.12　产量数据在 Drain 的触发设置

5. 重复仿真实验

采用离散系统仿真的方法，通过进行大量实验进行统计和分析，将实验编号和参数定义如下：m 为仿真实验组的编号，Exp_m 为第 m 组仿真实验，C_m 为第 m 组仿真实验的装配线的节拍；n 为同一组实验重复进行的次数，α 为多次重复进行仿真实验的置信水平；D 为每一次实验运行的天数（仿真实验中每天工作时间取为 8 小时）。

针对四条装配线，分别进行 410 组仿真实验，即 $1 < m \leqslant 410$，同一组实验重复进行的次数 $n = 2$，取仿真实验的置信水平 $\alpha = 90\%$，每次仿真试验的生产节拍时间 C_m 如式（6.6）所示。

$$C_m = 600 + 10 \times [m/10], \quad (1 < m \leqslant 410) \tag{6.6}$$

在软件中，仿真实验参数设置过程如图 6.13 所示，步骤①是设置仿真实验的评价参数为系统产出及其出现在稳定区间上的概率；步骤②是设置仿真实验的输入变量为装配线节拍时间和稳定区间；步骤③是设置装配线节拍时间和稳定区间的具体参数值，共 410 组方案；步骤④是设置仿真实验重复进行的次数和置信水平。设置每次仿真实验无故障仿真天数 $D = 100$，每天工作时间为 8 个小时。并在 410 组实验中，针对此条装配线，分别统计出不同节拍时间下装配线的系统产出和该组产出出现在稳定区间上的概率。

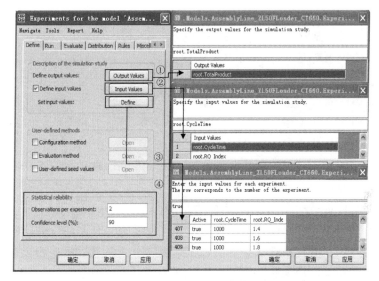

图 6.13　大量重复仿真实验参数设置过程

6.2.3　仿真结果分析

在实际生产过程中，受工人疲劳程度、技能水平和零部件质量的影响，各个装配任务的作业时间会有所波动。对于同步节拍装配线，某些装配任务在规定节拍内无法完成而迫使产品下线，装配线的产能就会下降；对于异步装配线，工序时间的随机波动为工位带来更多的阻塞和饥饿，空闲时间增加，同样使装配线的产能降低。为了描述装配线的实际产能，定义装配线的效率 E，如式（6.7）所示。

$$E = \frac{P_r}{P_d} \times 100\% \tag{6.7}$$

式中，P_r 为装配线的实际产能；P_d 为给定节拍和规划方案的理想产能。

装配任务作业时间的随机变化，必然导致装配线的产能在一定范围内波动，通过计算机仿真方法对随机装配线进行仿真，并由此来衡量装配线产量的稳定性。节拍不变，则 P_d 能恒定不变；而在不同作业时间下的装配线实际产量会有所变动，设为 P_{r_i}，$i \in V$，V 为随机装配线的一种平衡方案。而只有当得到的装配线实际产能在理想产能的 ε 领域内时才能说明该装配线的产能是稳定的[1]。根据数理统计知识可知，装配线理想产能 P_d 的 ε 领域区间可定义为

$$\Omega(\varepsilon, P_d) = \{ \| P_d - P_r \| < \varepsilon \}, \varepsilon > 0 \tag{6.8}$$

其中，根据切比雪夫距离定义，可知：

$$\| P_d - P_r \| = \max \{ | P_d - P_{r_i} | : i \in V \} \tag{6.9}$$

从而可得出结论：当且仅当装配线实际产能 P_r 的分布在区间 $\{ P_d - \varepsilon < P_r <$

$P_d+\varepsilon$} 中时，装配线是稳定的。

根据装配线稳定性的定义以及仿真实验结果可以验证得出：装配线的稳定性是由装配线的理想产能 P_d、装配线产能的稳定区间（P_d 的 ε 领域区间）$[P_d-\varepsilon, P_d+\varepsilon]$，以及在该区间的概率 Pro（Pro$=p$ {$P_r\in[P_d-\varepsilon, P_d+\varepsilon]$}）共同作用决定的。而且，在装配线长度不变的情况下，装配线产能与节拍、装配线稳定性之间相互关联、相互作用：对于一条装配线，节拍和任务分配不变，产能就会固定，从而该条装配线的稳定性亦是确定的，即可由其产能分布在稳定区间的概率表示。而对于随机装配线而言，由于装配任务作业时间的不同，装配线的节拍就会产生波动，由此必然导致装配线的产能在一定范围内发生变动，从而最终导致装配线稳定性的变化。特别地，由表 6.5 和图 6.14～图 6.17 可以看出：在装配线布局和任务分配已定的情况下，其产能亦不会有大的变动。随着理想产能的增加，装配线的稳定性会降低。但在一定的小范围（稳定区间）内，可以通过对节拍的微调改变产能和装配线的稳定性。具体如表 6.5 和图 6.14～图 6.17 所示，节拍下调，虽然产能会有所增加，但是，装配线的稳定性一般都会明显下降；节拍上调，特别是在小范围内上调，在保证产能不变的同时，还会大大增加产能的稳定性（如当理想产能为 35 台/d 时，理想节拍为 820s，此时装配线的稳定性为 76%，但当节拍调整为 840s 时，装配线的稳定性上调为了 87%）。

表 6.5　装配线稳定性分析

方案	理想产能/（台/d）	稳定区间/（台/d）	节拍/s	概率/%
			760	3
			780	36
1	36	[35, 37]	800	51
			820	68
			840	25
			780	37
			800	80
2	35	[34, 36]	820	76
			840	87
			860	46
			810	69
			830	89
3	34	[33, 35]	850	94
			870	98
			890	35

续表

方案	理想产能/（台/d）	稳定区间/（台/d）	节拍/s	概率/%
			830	41
			850	98
4	33	[32，34]	870	98
			890	100
			910	64

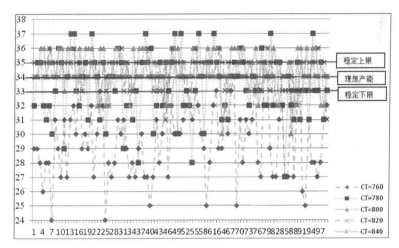

图 6.14　装配线稳定性分析图（理想产能为 36 台/d）

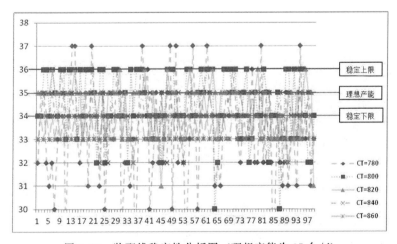

图 6.15　装配线稳定性分析图（理想产能为 35 台/d）

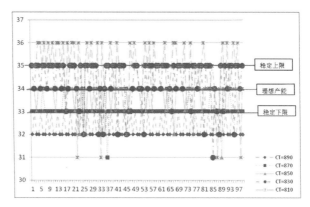

图 6.16　装配线稳定性分析图（理想产能为 34 台/d）

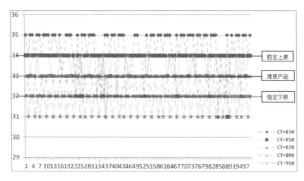

图 6.17　装配线稳定性分析图（理想产能为 33 台/d）

6.3　面向产量波动的发动机双边装配线再平衡

本节以某型号发动机双边异步装配线为例，在充分考虑工作站阻塞时间和饥饿时间等约束的前提下进行建模仿真，并针对现有装配线的不足，提出改进方案：建立基于工序的启发式规则并以此来调整瓶颈工位周围任务的分配，然后在调整任务分配的基础上合理添加一定数量的缓冲，从而提高本装配线的装配效率，最终通过模拟仿真验证任务调整和缓冲分配对异步双边装配线产量及其波动产生影响。

6.3.1　发动机双边装配线问题描述

通过对某公司某型号柴油发动机装配过程的调查研究，得到装配一台发动机所需步骤以及每个步骤（装配任务）之间的优先顺序关系约束和任务的操作方位属性等信息，得到含有任务分配等信息的该发动机双边装配线的先序图，如图 6.18 所示。

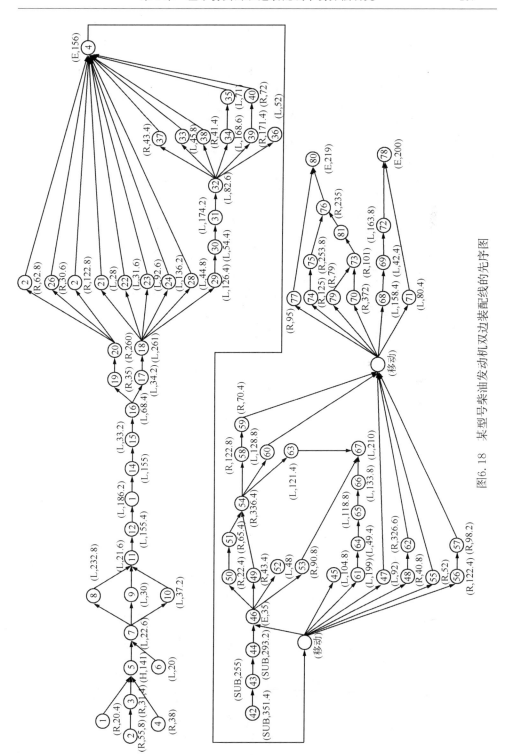

图6.18　某型号柴油发动机双边装配线的先序图

假定该发动机各工序的作业时间服从正态分布，从而，通过对每一个工序采集多组操作时间，可以计算求出工序时间随机波动的均值和方差，具体如表 6.6 所示。根据实际数据得到的任务分配情况如表 6.7 所示，其中"Left"和"Right"分别指同一工作站的左右工位；"{1，2，3，4}"指分配在对应工位上的任务集，并且按照任务分配的先后顺序在实际生产中依次完成相应的工序；"—"指工作站上对应工位并未使用。

表 6.6　发动机作业时间统计表

工序编号	工序内容	平均	标准差	工序编号	工序内容	平均	标准差
1	挺柱试塞	20.4	0.89	27	PS 泵＋水泵＋风扇座＋涨紧轮	122.8	1.92
2	缸套安装	55.8	3.77	28	喷油泵 BKT	44.8	1.1
3	测量喷嘴	31.4	2.19	29	PTO 齿轮室	126.4	4.16
4	铜闷头	38	7.58	30	PTO 齿轮副	54.4	3.85
5	机体打印	141	0	31	飞轮壳	174.2	3.77
6	擦轴瓦	20	0	32	飞轮	82.6	1.95
7	压轴瓦	22.6	2.51	33	工艺 BKT	45.8	3.77
8	曲轴总装	232.8	4.97	34	油底壳	168.6	2.61
9	油道闷头	30	0	35	飞轮壳 BKT	71	2.65
10	挺柱	37.2	4.32	36	飞轮螺栓拧紧	52	2.45
11	定位销	21.6	2.3	37	机油泵总装	43.4	2.41
12	齿轮室	155.4	5.55	38	工艺 BKT	41.4	1.34
13	凸轮轴＋齿轮系	186.2	4.82	39	油底壳	171.4	2.97
14	齿轮室盖	155	24.49	40	飞轮壳 BKT	72	4.69
15	前油封	33.2	3.42	41	连接盘	156	6.52
16	皮带轮	68.4	2.7	42	气门等	351.4	2.19
17	装吊具（LH）	34.2	4.27	43	十字头	255	5
18	活塞总装（LH）	261	7.42	44	排气歧管	293.2	5.81
19	装吊具（RH）	35	5	45	PTO 联接轴	104.8	1.3
20	活塞总装（RH）	260	7.07	46	缸盖搬运	35	4.12
21	凸轮轴闷盖	28	3.08	47	油管	92	2.45
22	油泵托架	31.6	2.07	48	空压机	40.8	1.1
23	水道盖板	92.6	2.79	49	缸盖螺栓放入	43.4	1.67
24	凸轮轴盖板	136.2	4.15	50	推杆放入	22.4	1.82
25	机油泵部装	62.8	1.92	51	摇臂放入	65.4	2.97
26	油尺管	30.6	0.89	52	节温器	48	3.08

续表

工序编号	工序内容	平均	标准差	工序编号	工序内容	平均	标准差
53	下罩壳	90.8	1.92	68	增压器管路	158.4	5.5
54	缸盖螺栓扭矩	336.4	4.39	69	隔热板	42.4	1.82
55	启动电机	52	9.19	70	油管安装 1	372	6
56	机油冷却器	122.4	2.51	71	闷头传感器	80.4	0.89
57	出水管	98.2	2.28	72	增压器侧进气管	163.8	4.15
58	增压器	122.8	2.59	73	燃油滤清器	101	4
59	BKT	70.4	0.89	74	BKT	125	5
60	调节气门	128.8	2.28	75	发电机＋皮带	253.8	4.15
61	橡胶套＋喷油器	199	4.36	76	线束 2	235	7.91
62	空气管	326.6	4.1	77	进气管	95	8.54
63	进气歧管	121.4	2.19	78	左侧检查	200	13
64	共轨支架＋共轨	49.4	1.95	79	油管安装 2	79	4.5
65	三通	118.8	14.86	80	右侧检查	219	14
66	喷油泵	133.8	4.15	81	线束 1	193	5.1
67	喷油器回油管＋高压油管	210	3.08				

表 6.7　工位任务分配表

位置序号	工位	分配的任务	位置序号	工位	分配的任务
1	Right	{1, 2, 3, 4}	8	Left	—
1	Left	—	9	Right	—
2	Right	{5}	9	Left	{28, 29, 30}
2	Left	—	10	Right	—
3	Right	—	10	Left	{31, 32}
3	Left	{6, 7, 8, 9, 10}	11	Right	{37, 38, 39, 40}
4	Right	—	11	Left	{33, 34, 35, 36}
4	Left	{11, 12, 13}	12	Right	{41}
5	Right	—	12	Left	—
5	Left	{14, 15, 16}	13	Right	{48, 49, 50, 51}
6	Right	{19, 20}	13	Left	{45, 46, 47}
6	Left	{17, 18}	14	Right	{54}
7	Right	—	14	Left	{52, 53}
7	Left	{21, 22, 23, 24}	15	Right	{55, 56, 57}
8	Right	{25, 26, 27}	15	Left	{60, 61}

续表

位置序号	工位	分配的任务	位置序号	工位	分配的任务
16	Right	{58，59}	19	Left	{71，72}
16	Left	{63，64，65}	20	Right	{74，75}
17	Right	{62}	20	Left	—
17	Left	{66，67}	21	Right	{76，77}
18	Right	{70，79}	21	Left	—
18	Left	{68，69}	22	Right	{78，80}
19	Right	{73，81}	22	Left	—

6.3.2 发动机装配线的仿真建模及分析

根据该型号发动机装配线的先序图、工位任务分配表和工序时间随机波动的方差，在 Plant Simulation 中建立该型号发动机装配线仿真模型，具体如图 6.19 所示。初始化的设置、输入输出参数的设定、仿真运行过程与 6.2.2 节中的仿真建模思路类似，这里不再进行过多赘述，将重点放在异步装配线特有的仿真信息采集上，如工作站的阻塞时间、饥饿时间等。

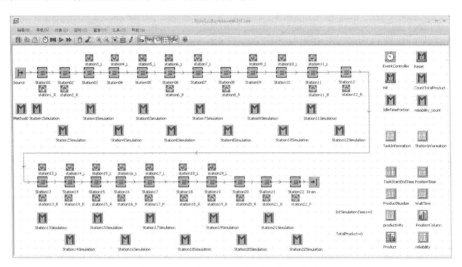

图 6.19　Plant Simulation 仿真模型

1. 工作站的阻塞时间和饥饿时间的采集

Plant Simulation 仿真模型的建立过程中，就已经包含装配线的先序图、工位任务分配表和工序时间随机波动的方差等相关信息，因此较容易采集每一个工序、每一个工位的开始和结束时间，下面主要介绍工作站的阻塞时间、工作站的饥饿时间及采集方法。

1) 工作站的阻塞时间

当生产线的某个加工站的生产作业结束，而下一站的生产作业还在继续时，上一站的工件无法传递到下一站进行加工的状态称为阻塞。某工位的卡住是由该工位后面的加工站造成的。当瓶颈站（第 p 站）加工工件 i 时，第 $(p+1)$ 站加工第 $(i-1)$ 个工件，第 m 站加工第 $(i+p-m)$ 工件时，由于该工位后面的任一站（设为 f 站）的阻塞必然造成阻塞前一站（第 $f-1$ 站）的阻塞，从而引起连锁效应，即造成第 $(f-2)$ 站、第 $(f-3)$ 站、……、特定工位（p 站）的阻塞。

工位 p 加工工件 $i-1$ 时的阻塞时间＝工位 $p+1$ 加工工件 $i-2$ 时的实际结束时间－工位 p 加工工件 $i-1$ 时的完成时间＝工位 $p+2$ 加工工件 $i-2$ 时的开始时间－工位 p 加工工件 $i-1$ 时的完成时间（若工位 $p+2$ 加工工件 $i-2$ 时的开始时间≤工位 p 加工工件 $i-1$ 时的完成时间，工位 p 加工工件 $i-1$ 时的阻塞时间就为 0）。在求阻塞时间时，最后一个工位 n 的阻塞时间为零，工位 $n-1$ 加工工件 $i-1$ 时的阻塞时间＝工位 n 加工工件 $i-2$ 时的完成时间－工位 p 加工工件 $i-1$ 时的完成时间（若工位 n 加工工件 $i-2$ 时的完成时间≤工位 p 加工工件 $i-1$ 时的完成时间，工位 p 加工工件 $i-1$ 时的阻塞时间＝0），具体如式 6.10 所示。

$$Tp_{\text{block}}^{i-1} =$$

$$\begin{cases} Tp+1_{\text{leave}}^{i-2} - Tp_{\text{end}}^{i-1} \\ = Tp+2_{\text{start}}^{i-2} - Tp_{\text{end}}^{i-1} & \text{当 } 1 \leqslant p \leqslant n-2 \text{ 且 } Tp+1_{\text{start}}^{i-1} > Tp_{\text{end}}^{i-1} \\ 0 & \text{当 } 1 \leqslant p \leqslant n-2 \text{ 且 } Tp+1_{\text{start}}^{i-1} \leqslant Tp_{\text{end}}^{i-1} \\ 0 & \text{当 } p = n \\ Tn_{\text{end}}^{i-2} - Tn-1_{\text{end}}^{i-1} & \text{当 } p = n-1 \text{ 且 } Tn_{\text{end}}^{i-2} > Tn-1_{\text{end}}^{i-1} \\ 0 & \text{当 } p = n-1 \text{ 且 } Tn_{\text{end}}^{i-2} \leqslant Tn-1_{\text{end}}^{i-1} \end{cases}$$

$$(6.10)$$

式中，Tp_{block}^{i-1} 为在工位 p 加工第 $i-1$ 个工件时该工位的阻塞时间；$Tp+1_{\text{leave}}^{i-2}$ 为在工位 $p+1$ 上加工完成第 $i-2$ 个工件后离开该工位的时间；Tp_{end}^{i-1} 为在工位 p 上加工第 $i-1$ 个工件的完成时间；$Tp+2_{\text{start}}^{i-2}$ 为在工位 $p+2$ 上开始加工第 $i-2$ 个工件的时间，$Tp+1_{\text{leave}}^{i-2} = Tp+2_{\text{start}}^{i-2}$。

分析同一个产品装配流程，阻塞时间也可以简单表示为

$$Tp_{\text{block}}^{i-1} = \begin{cases} Tp+1_{\text{start}}^{i-1} - Tp_{\text{end}}^{i-1}, & \text{当 } 1 \leqslant p \leqslant n-1 \\ 0, & \text{当 } p = n \end{cases} \qquad (6.11)$$

2）工作站的饥饿时间及采集方法

当生产线的某个加工站的生产作业已完成，而上一站的生产作业还正在进行时，即无法得到上一站的工件来加工而处于等待的状态称为挨饿。某工位的挨饿是由该工位之前的加工站造成的。当该工位（第 p 站）加工第 i 工件时，其前一站（第 $p-1$ 站）加工第（$i+1$）工件，而前第二站（第 $p-2$ 站）加工第（$i+2$）工件，前第三站（第 $p-3$ 站）加工第（$i+3$）工件，以此类推，第一站加工第（$i+x-1$）工件。

由于分析可知，工作站的空闲时间包括阻塞时间和空闲时间两部分，故有：

$$Tp_{\text{idle}}^{i-1} = T_{\text{block}}^{pi-1} + Tp_{\text{idle}}^{i-1} \tag{6.12}$$

分析同一个产品装配流程，空闲时间也可以简单表示为

$$Tp_{\text{idle}}^{i-1} = Tp_{\text{start}}^{i} - Tp_{\text{end}}^{i-1} \tag{6.13}$$

故饥饿时间为

$$Tp_{\text{hunger}}^{i-1} = \begin{cases} Tp_{\text{start}}^{i} - Tp + 1_{\text{start}}^{i-1}, & \text{当 } 1 \leqslant p \leqslant n-1 \\ Tn_{\text{start}}^{i} - Tn_{\text{end}}^{i-1}, & \text{当 } p = n \end{cases} \tag{6.14}$$

以工作站 Position1 为例，该工作站阻塞时间和饥饿时间的核心代码可简单表示如下：

WaitTime ［" Position1BlockTime"，@. getno－1］：＝ PositionTime ［" Position2start _ time"，@. getno－1］- PositionTime ［" Position 1end _ time"，@. getno－1］；—工作站 1 阻塞时间 WaitTime ［" Position1HungerTime"，@. getno－1］：＝EventController. SimTime- PositionTime ［" PositionTime1end _ time"，@. getno－1］-WaitTime ［" Position1BlockTime"，@. getno－1］；—工作站 1 饥饿时间

工位状态仿真运行信息储存表格，如图 6.20 所示。

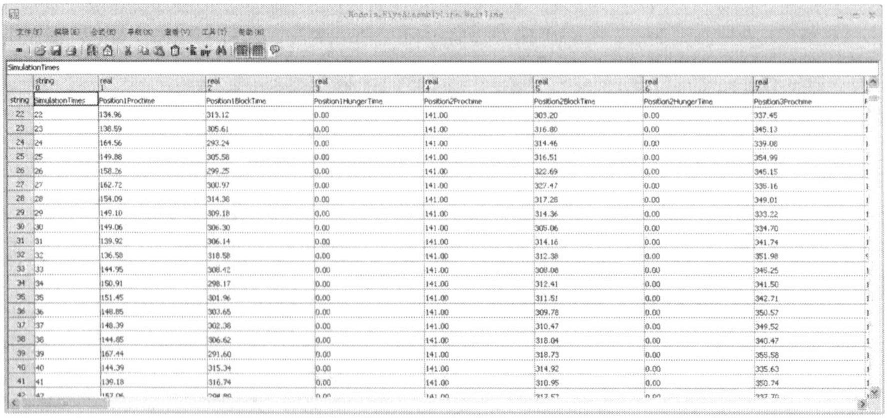

SimulationTimes

	string 0	real 1	real 2	real 3	real 4	real 5	real 6	real 7
string	SimulationTimes	Position1Proctime	Position1BlockTime	Position1HungerTime	Position2Proctime	Position2BlockTime	Position2HungerTime	Position3Proctime
22	22	134.96	313.12	0.00	141.00	303.20	0.00	337.45
23	23	138.59	305.61	0.00	141.00	316.80	0.00	345.13
24	24	164.56	293.24	0.00	141.00	314.46	0.00	339.08
25	25	149.88	305.58	0.00	141.00	316.51	0.00	354.99
26	26	158.26	299.25	0.00	141.00	322.69	0.00	345.15
27	27	162.72	300.97	0.00	141.00	327.47	0.00	335.16
28	28	154.09	314.38	0.00	141.00	317.28	0.00	349.01
29	29	149.10	309.18	0.00	141.00	314.36	0.00	333.22
30	30	149.06	306.30	0.00	141.00	305.06	0.00	334.70
31	31	139.92	306.14	0.00	141.00	314.16	0.00	341.74
32	32	136.58	318.58	0.00	141.00	312.38	0.00	351.98
33	33	144.95	308.42	0.00	141.00	308.08	0.00	345.25
34	34	150.91	298.17	0.00	141.00	312.41	0.00	341.50
35	35	151.45	301.96	0.00	141.00	311.51	0.00	342.71
36	36	148.85	303.65	0.00	141.00	309.78	0.00	350.57
37	37	148.39	302.38	0.00	141.00	310.47	0.00	349.52
38	38	144.85	306.62	0.00	141.00	318.04	0.00	340.47
39	39	167.44	291.60	0.00	141.00	318.73	0.00	355.58
40	40	144.39	315.34	0.00	141.00	314.92	0.00	335.63
41	41	139.18	316.74	0.00	141.00	310.95	0.00	350.74
42	42	157.06	298.89	0.00	141.00	317.57	0.00	337.70

图 6.20　工作站的阻塞时间和饥饿时间的采集表

2. 原模型仿真数据分析

每天工作时间为 8 小时，无故障仿真运行 100 天，仿真统计出总产量为 6391 台，依据上一小节中方法可采集出每一个工作站的工作时间、阻塞时间和饥饿时间，经过简单叠加处理（以工作站 Position1 为例），处理核心代码如下：

```
TotalTime [" Position1"," BlockTime" ]: = TotalTime [" Position1"," BlockTime" ] +WaitTime [" Position1BlockTime", @. getno-1];
TotalTime [" Position1"," HungerTime" ]: = TotalTime [" Position1"," HungerTime" ] +WaitTime [" Position1HungerTime", @. getno-1];
```

统计出的工作站工作时间、阻塞时间和饥饿时间表如图 6.21 所示，其中 Proctime 指工作时间，Blocktime 指阻塞时间，HungerTime 指饥饿时间。由此可以绘制出工作站工作时间、阻塞时间和饥饿时间百分比柱状图，如图 6.22 所示。

917767.62

	string 0	real 1	real 2	real 3	real 4	real 5
string		Position1	Position2	Position3	Position4	Position5
1	Proctime	917767.62	886890.00	2154585.58	2284632.98	1615509.94
2	BlockTime	1962309.72	1993180.41	726074.14	596106.39	1264926.92
3	HungerTime	0.00	0.00	0.00	0.00	0.00
4						

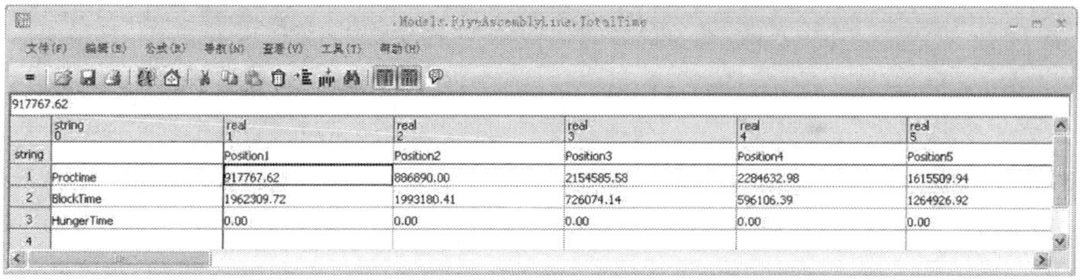

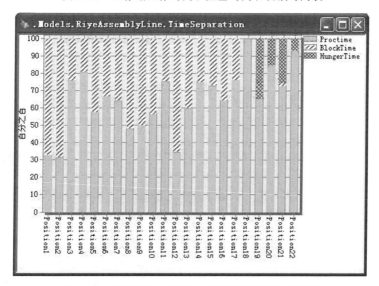

图 6.21　工作站工作时间、阻塞时间和饥饿时间表

图 6.22　工位加工、堵塞、饥饿时间百分比柱状图

以 8 小时工作时间为一天，统计每天完成的产品数量，计算装配线日产量的波动概率，代码如附录 C1 和附录 C2 所示。

由此，可获得原模型日产量统计图如图 6.23 所示，装配线日产量的概率具体如表 6.8 所示。

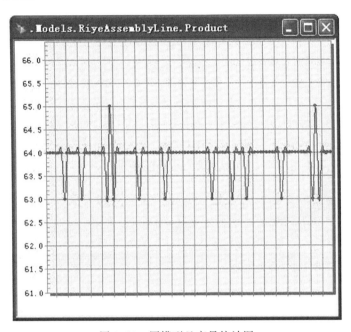

图 6.23　原模型日产量统计图

表 6.8　原模型产量波动表

产能/（台/d）	63	64	65
频次/天	12	85	3
概率/%	100	88	3

对仿真模型进行上述一系列数据的采集和处理，与装配线实际生产情况对比，该模型和实际装配线一致程度非常高。进一步对仿真输出数据进行分析，可以看出大部分工作站空闲时间较长，瓶颈工位明显，装配线的产量及产量波动较低，产能难以达到设计的指标。因此，需要采取一定措施来进一步提高该装配线的产量并降低产量波动。

6.3.3　改进措施及其仿真分析

工人在岗培训、在瓶颈工位安排熟练工人、更换自动化设备、改进装配工艺等方法都能不同程度地提高装配线的产量、降低产量的波动。但是利用现有技术水平，如何在较少改动装配线的条件下更大程度地提高装配线的产量、降低产量的波动是急需要解决的问题。为此，本节提出基于工序的启发式规则并基于此来调整瓶颈工位周围任务的分配，最后在调整任务的基础上合理添加一定数量的缓冲，以满足系统产出和产量波动的要求。

1. 任务调整

从图 6.18 中可以看出，18 号工作站的工作任务较重，是该装配线的瓶颈。结合装配线的先序图、工位任务分配表，选择工作站集合 {18，19，20，21，22} 作为再平衡的子问题进行任务调整，在较小调整装配线的条件下以获得装配线更大幅度的提升以及产量波动幅度的降低。

该子问题的初始解，即工作站集合 {18，19，20，21，22} 的初始任务分配，如图 6.24 所示。由于该子问题的初始解中有一些工位并未使用，如工作站 20、工作站 21 和工作站 20 的左工位，当采用基于工位的启发式规则进行调整时获得的解实际上并不理想。为了更方便地依据装配线实际情况，更快地获得子问题的较优解，在基于工位的启发式规则的基础上进行改进，提出适用情况更广泛、所求解更优的启发式规则——基于工序的启发式规则。

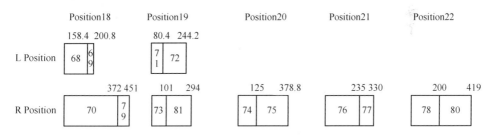

图 6.24　子问题的初始解

结合基于工位的启发式规则[42]，基于相邻工位任务再分配的启发式规则算法执行步骤如下：

步骤 1：搜索并获得每一个工序的可相邻工序集。

步骤 2：计算每一个工位的结束时间作为相应工位的装配时间，并按工位装配时间长短对左右工位进行排序。

步骤 3：从工位装配时间最短的开始，依次针对工位 k 上所有工序寻找其相邻工序，将该工序相邻工序按其所在工位装配时间长短排序，以平滑指数最小化为目标，依次从所在工位装配时间最长的可相邻工序搜索是否可以分配到工位 k 上。

步骤 4：判断步骤 3 是否执行完成，若没有可分配任务，就得到了最终的优化解。

按照基于相邻工位任务再分配的启发式规则对子问题进行调整，求解出最终的优化解如图 6.25 所示。

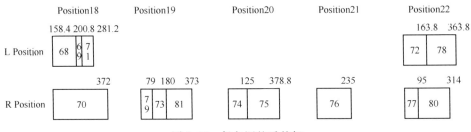

图 6.25　任务调整后的解

每天工作时间为 8 小时，无故障仿真运行 100 天，仿真统计出总产量为 7560 台，产量提高约为 18.29%，相应工作站工作时间、阻塞时间和饥饿时间百分比柱状图如图 6.26 所示。任务调整后，模型日产量统计图如图 6.27 所示，装配线的产量波动，如表 6.9 所示。

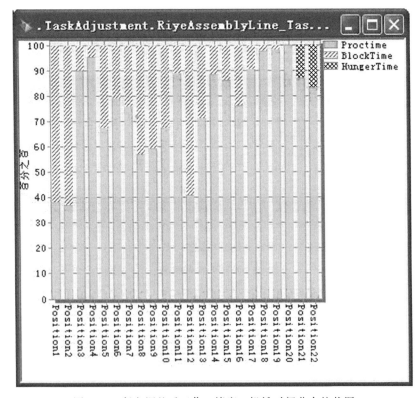

图 6.26　任务调整后工作、堵塞、饥饿时间分布柱状图

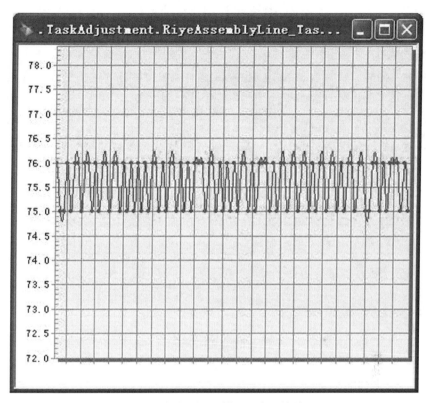

图 6.27　任务调整后模型日产量统计图

表 6.9　任务调整后模型产量波动表

产能/(台/d)	75	76	77
频次/天	40	60	0
概率/%	100	60	0

2. 添加缓冲

该装配线一共有 22 个工作站，即使每个工作站添加缓冲容量都是 1 或者不设置缓冲，采用枚举法，就至少要进行 2^{21} 次仿真，这样仿真的时间过长，数据量太大，以至于无法进行。为此可考虑，采用贪婪算法进行求解。

制定基于贪婪算法的缓冲分配，具体求解算法步骤如下：

步骤 1：建立初始仿真模型（不设置缓冲或缓冲容量为 0）。

步骤 2：依次在模型每个工作站后增加 1 个缓冲容量，形成 22 个仿真模型，进行仿真并统计系统产出。

步骤 3：若满足一定条件（如已经达到总缓冲数量、容量或特定产量要求），则进入步骤 4；否则，选取系统产出最高的模型，转入步骤 2。

步骤 4：结果输出。

对于调整后的仿真模型运用贪婪算法添加缓冲，以总产量不增加作为运行停止条件，具体产出统计如表 6.10 所示，可知在添加第二个缓冲后就已经获得所求解，即在工作站 19 后添加 1 个缓冲，此时总产量为 7602 台，产量相对最初模型提高约 18.95%，相应工作站工作时间、阻塞时间和饥饿时间百分比柱状图如图 6.28 所示。添加缓冲后，模型日产量统计图如图 6.29 所示，装配线的产量波动，如表 6.11 所示。

表 6.10　贪婪算法添加缓冲后的系统产出统计表

添加位置	第 1 次添加	第 2 次添加
1	7560	7602
2	7560	7602
3	7560	7602
4	7560	7602
5	7560	7602
6	7560	7602
7	7560	7602
8	7560	7602
9	7560	7602
10	7560	7602
11	7560	7602
12	7560	7602
13	7560	7602
14	7560	7602
15	7560	7602
16	7560	7602
17	7560	7602
18	7560	7602
19	7602	7602
20	7560	7602
21	7560	7602
22	7560	7602

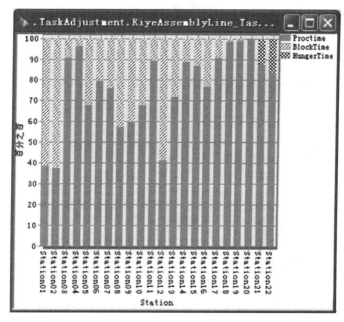

图 6.28　添加缓冲后工作、堵塞、饥饿时间分布柱状图

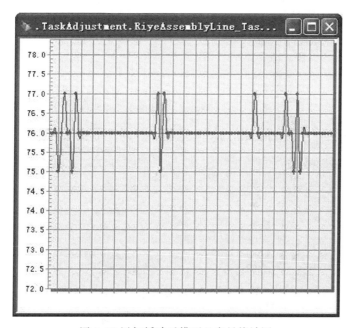

图 6.29 添加缓冲后模型日产量统计图

表 6.11　　添加缓冲模型产量波动表格

产能/（台/d）	75	76	77
频次/天	5	88	7
概率/%	100	95	7

在图 6.24 中，工作站 20 的阻塞时间和饥饿时间同时为 0，就没有必要再添加缓冲。分析表 6.11 和图 6.24 可以发现，增加缓冲并不能提高装配线产能。如果继续添加缓冲并统计在制品数量，会发现增加的只是在制品数量和装配线长度。此时若要进一步提高产能就要在瓶颈工位聘用熟练工人、改进装配工艺等方法。这对实际生产具有一定的指导意义，若在实际生产过程中，某一特定工位一直处于工作状态，再布置缓冲并不能提高产出或仅有很小的改善，对于故障率较低的装配线就更没有必要设置缓冲了。

由以上结果分析可得出结论，通过基于工序的启发式规则来调整瓶颈工位周围任务的分配，并在工作站 19 后添加 1 个缓冲，便能求得较优解。该装配线的系统产出约提高 18.95%，无故障运行中，最初模型日产量 63 台的概率为 100%，日产量 64 台的概率为 88%，日产量 65 台的概率为 3%，任务调整和添加缓冲后日产量 75 台的概率为 100%，日产量 76 台的概率为 95%，日产量 77 台的概率为 7%。

参 考 文 献

［1］Sotskov Y N，Dolgui A，Portmann M C. Stability analysis of an optimal balance for an assembly line with fixed cycle time. European Journal of Operational Research，2006，168（3）：783-797.

［2］Gurevsky E，Batta A O，Dolgui A. Stability measure for a generalized assembly line balancing problem. Discrete Applied Mathematics，2013，161（3）：377-394.

［3］吴尔飞 . 双边装配线平衡技术的研究 . 上海：上海交通大学，2009.

［4］SVW Model S description. http：//www. csvw. com/csvw/english/gsjs/gsjs/index. shtml. 2008-6-12.

［5］韩之俊，贾大龙，杨慧 . 生产与运营管理咨询 . 北京：华夏出版社，2003.

［6］朱剑英 . 现代制造系统模式、建模方法及关键技术的新发展 . 机械工程学报，2000，36（8），1-5.

［7］王长伟 . 生产线快速建模与仿真系统关键技术研究 . 南京航空航天大学硕士论文，2007.

［8］李小宁 . 制造系统建模与仿真软件研究与发展 . 兵工自动化 . 1996，3：22-25.

［9］吴哲辉 . Petri 网导论 . 北京：机械工业出版社，2006.

［10］郑大钟，赵千川 . 离散事件动态系统 . 北京：清华大学出版社，2001.

［11］Lee Y K，Park S J. OPnets：an object-oriented high-level petri net model for real-time system modeling. Journal of System Software，1993，20：69-86.

[12] Manish K G，Michael C F. Queuing theory in manufacturing：a survey. Journal of Manufacturing Systems，1999，18（3）：214-240.

[13] 赵建辉，王红军．基于 Flexsim 的混流装配线投产顺序的仿真．微计算机信息，2007，23（8）：29-31.

[14] 马健萍，周新建，潘磊．基于 Delmia/QUEST 的数字化装配线仿真应用．华东交通大学学报：2006，23（2），125-128.

[15] 柴树峰，王红军．基于 Factory Programs 的发动机装配线规划仿真．北京机械工业学院学报，2007，22（1）：33-37.

[16] 虞珺，樊留群，马玉敏．基于 eM-Plant 的拉动式生产仿真技术研究．计算机仿真，2007，24（5）：253-256.

[17] 彭旺明，张晓川．eM-Plant 在生产线作业仿真中的应用研究．武汉理工大学学报，2004，28（4）：597-599.

[18] 黄雪梅，赵明扬，陈书宏．数字化生产线离散制造过程仿真研究．计算机工程与应用，2003，4：33-35.

[19] 熊光楞，王克明，陈斌元，等．计算机仿真技术在轿车工业中的应用与发展．系统仿真学报，2004，61（1）：73-78.

[20] 郑顺水．生产线仿真技术研究．先进制造技术，2004，23（4）：22-23.

[21] 夏良，阚树林，李云．多品种混合装配流水线规划的仿真方法．计算机应用，2005，2：11-13.

[22] 曾建潮，孙国基．仿真优化方法．系统仿真学报，1989，1：8-12.

[23] Praqa I C，Ramos C. Multi-agent simulation for balancing of assembly lines. Proceedings of lSATP，1999，7：459-464.

[24] Rajamani D. A simulation approach to the design of an assembly line：a case study. International Journal of Operations & Production Management，1991，11（6）：66-76.

[25] Heinicke M U，Hickman A. Eliminate bottlenecks with integrated analysis tools in eM-Plant. Simulation Conference Proceedings，2000，1：229-231.

[26] Liu S B，Ong H L，Huang H C. A bidirectional heuristic for stochastic assembly line balancing type II problem. The International Journal of Advanced Manufacturing Technology，2005，25（1）：71-77.

[27] Baykaşoğlu A，Özbakir L. Stochastic u-line balancing using genetic algorithms-springer. The International Journal of Advanced Manufacturing Technology，2007，32（1-2）：0-147.

[28] Chiang W C，Urban T L. The stochastic u-line balancing problem：a heuristic procedure. European Journal of Operational Research，2006，175（3）：1767-1781.

[29] Erel E，Sabuncuoglu I，Sekerci H. Stochastic assembly line balancing using beam search. International Journal of Production Research，2005，43（7）：1411-1426.

[30] Gamberini R，Gebennini E，Grassi A，et al. A multiple single-pass heuristic algorithm solving the stochastic assembly line rebalancing problem. International Journal of Production Research，2009，47（8）：2141-2164.

[31] Agpak K，Gökcen H. A chance-constrained approach to stochastic line balancing problem. European Journal of Operational Research，2007，180（3）：1098-1115.

[32] Tsujimura Y，Gen M，Kubota E. Solving fuzzy assembly-line balancing problem with genetic algorithms. Computers & Industrial Engineering，1995，29（1）：543-547.

[33] Gen M，Tsujimura Y，Li Y. Fuzzy assembly line balancing using genetic algorithms. Computers & Industrial Engineering，1996，31（3）：631-634.

[34] Nguyen Van H. A heuristic solution for fuzzy mixed-model line balancing problem. European Journal of Operational Research，2006，168（3）：798-810.

[35] Gurevsky E，Batlaïa O，Dolgui A. Stability measure for a generalized assembly line balancing problem. Discrete Applied Mathematics，2013，161（3）：377-394.

[36] 傅武雄. 标准工时制定与工作改善. 厦门：厦门大学出版社，2003.

[37] 蒋祖华，奚立峰. 工业工程典型案例分析. 北京：清华大学出版社，2005.

[38] 刘丽文. 生产与动作管理. 北京：清华大学出版社，2006.

[39] 党新民，苏迎斌. 制造业效率提升技法：工厂 IE 应用手册. 北京：北京大学出版社，2008.

[40] Ozcan U. Balancing stochastic two-sided assembly lines：a chance-constrained，piecewise-linear，mixed integer program and a simulated annealing algorithm. European Journal of Operational Research，2010，205（1）：81-97.

[41] 胡俊逸，张则强，宋林，等. 启发式算法在随机型双边装配线平衡问题中的应用研究. 组合机床与自动化加工技术，2012，（4）：36-39.

[42] Hu X F，Wu E，Jin Y. A station-oriented enumerative algorithm for two-sided assembly line balancing. European Journal of Operational Research，2008，186（1）：435-440.

附录 装配线仿真程序代码

附录 A 初始化代码

A1. method 对象名称 Reset，仿真的初始化，表格等数据的重置

```
do
    deletemovables；——删除 MU 等移动物流对象
    PositionTime. delete（`[1，1].. `[133，10000]）；——清空工位开始结束时间表格
    TaskStartEndTime. delete（`[1，1].. `[157，10000]）；——清空工序开始结束时间表格
    day _ num：=1；——仿真天数初始设置
    ProductNumber [1，1]：=0；——工件总数初始设置
    ProductNumber [2，1]：=0；——完成工件数初始设置
    ProductNumber [3，1]：=0；——下线工件数初始设置
    ProductNumber [4，1]：=0；——在线加工工件数初始设置
    ——初始化工作站时间
    Station1. proctime：=0；
    Station2. proctime：=0；
    Station3. proctime：=0；
    Station4. proctime：=0；
        Station5. proctime：=0；
    Station6. proctime：=0；
    Station7. proctime：=0；
    Station8. proctime：=0；
end；
```

A2. Method0：装配线的初始化

```
is
    number：integer        ——定义工件编号
do
    number：=@. getno；     ——获取工件编号
    inspect number    ——检测工件编号
        when 1 then        ——当工件编号为 1 时，进行 Station8 工作站初始化
            current. Station8Simulation；        ——第一次生成 Station8 工作站的仿真数据
            PositionTime [" RPosition8EndTime"，1]：=RPositionEndTime；——右工位的结束
时间
```

PositionTime ［" LPosition8EndTime"，1］：＝LPositionEndTime；——左工位的结束时间

PositionTime ［" RPosition8StartTime"，@. getno］：＝0；——右工位的开始时间

PositionTime ［" LPosition8StartTime"，@. getno］：＝0；——左工位的开始时间

if RpositionEndTime＞LpositionEndTime then——Station8 工作站的处理时间

　　WaitTime ［" Position8Proctime"，1］：＝RpositionEndTime；

else

　　WaitTime ［" Position8Proctime"，1］：＝LpositionEndTime；

end；

TotalTime ［" Position8"，" Proctime"］：＝TotalTime ［" Position8"，" Proctime"］＋WaitTime ［" Position8Proctime"，1］；

　　@. move（current. Station8）；——工件初始化进入 Station8 工作站

　　current. Station8Simulation；——第二次生成 Station8 工作站的仿真数据

when 2 then　　　　——当工件编号为 2 时，进行 Station7 工作站初始化

　　current. Station7Simulation；

　　PositionTime ［" RPosition7EndTime"，2］：＝RPositionEndTime；

　　PositionTime ［" LPosition7EndTime"，2］：＝LPositionEndTime；

　　PositionTime ［" RPosition7StartTime"，@. getno］：＝0；

　　PositionTime ［" LPosition7StartTime"，@. getno］：＝0；

　　if RpositionEndTime＞LpositionEndTime then

　　　WaitTime ［" Position7Proctime"，2］：＝RpositionEndTime；

　　else

　　　WaitTime ［" Position7Proctime"，2］：＝LpositionEndTime；

　　end；

TotalTime ［" Position7"，" Proctime"］：＝TotalTime ［" Position7"，" Proctime"］＋WaitTime ［" Position7Proctime"，2］；

　　@. move（current. Station7）；

　　current. Station7Simulation；

when 3 then　　　　——当工件编号为 3 时，进行 Station6 工作站初始化

　　current. Station6Simulation；

　　PositionTime ［" RPosition6StartTime"，3］：＝RPositionEndTime；

　　PositionTime ［" LPosition6EndTime"，3］：＝LPositionEndTime；

　　PositionTime ［" RPosition6StartTime"，@. getno］：＝0；

　　PositionTime ［" LPosition6StartTime"，@. getno］：＝0；

　　if RpositionEndTime＞LpositionEndTime then

　　　WaitTime ［" Position6Proctime"，3］：＝RpositionEndTime；

　　else

　　　WaitTime ［" Position6Proctime"，3］：＝LpositionEndTime；

```
          end；
     TotalTime ［" Position6"," Proctime" ］：＝TotalTime ［" Position6"," Proctime" ］＋
WaitTime ［" Position6Proctime"，3］；
          @. move （current. Station6）；
          current. Station6Simulation；
     when 4 then          ——当工件编号为 4 时，进行 Station5 工作站初始化
          current. Station5Simulation；
          PositionTime ［" RPosition5EndTime"，4］：＝RPositionEndTime；
          PositionTime ［" LPosition5EndTime"，4］：＝LPositionEndTime；
          PositionTime ［" RPosition5StartTime"，@. getno］：＝0；
          PositionTime ［" LPosition5StartTime"，@. getno］：＝0；
          if RpositionEndTime＞LpositionEndTime then
             WaitTime ［" Position5Proctime"，4］：＝RpositionEndTime；
          else
             WaitTime ［" Position5Proctime"，4］：＝LpositionEndTime；
          end；
     TotalTime ［" Position5"," Proctime" ］：＝TotalTime ［" Position5"," Proctime" ］＋
WaitTime ［" Position5Proctime"，4］；
          @. move （current. Station5）；
          current. Station5Simulation；
     when 5 then          ——当工件编号为 5 时，进行 Station4 工作站初始化
          current. Station4Simulation；
          PositionTime ［" RPosition4EndTime"，5］：＝RPositionEndTime；
          PositionTime ［" LPosition4EndTime"，5］：＝LPositionEndTime；
          PositionTime ［" RPosition4StartTime"，@. getno］：＝0；
          PositionTime ［" LPosition4StartTime"，@. getno］：＝0；
          if RpositionEndTime＞LpositionEndTime then
             WaitTime ［" Position4Proctime"，5］：＝RpositionEndTime；
          else
             WaitTime ［" Position4Proctime"，5］：＝LpositionEndTime；
          end；
     TotalTime ［" Position4"," Proctime" ］：＝TotalTime ［" Position4"," Proctime" ］＋
WaitTime ［" Position4Proctime"，5］；
          @. move （current. Station4）；
          current. Station4Simulation；
     when 6 then          ——当工件编号为 6 时，进行 Station3 工作站初始化
          current. Station3Simulation；
          PositionTime ［" RPosition3EndTime"，6］：＝RPositionEndTime；
```

```
PositionTime ［" LPosition3EndTime"，6］：＝LPositionEndTime；
PositionTime ［" RPosition3StartTime"，@. getno］：＝0；
PositionTime ［" LPosition3StartTime"，@. getno］：＝0；
if RpositionEndTime＞LpositionEndTime then
    WaitTime ［" Position3Proctime"，6］：＝RpositionEndTime；
else
    WaitTime ［" Position3Proctime"，6］：＝LpositionEndTime；
end；
TotalTime ［" Position3"," Proctime" ］：＝ TotalTime ［" Position3"," Proctime" ］ ＋
WaitTime ［" Position3Proctime"，6］；
@. move （current. Station3）；
current. Station3Simulation；
when 7 then          ——当工件编号为 7 时，进行 Station2 工作站初始化
current. Station2Simulation；
PositionTime ［" RPosition2EndTime"，7］：＝RPositionEndTime；
PositionTime ［" LPosition2EndTime"，7］：＝LPositionEndTime；
PositionTime ［" RPosition2StartTime"，@. getno］：＝0；
PositionTime ［" LPosition2StartTime"，@. getno］：＝0；
if RpositionEndTime＞LpositionEndTime then
    WaitTime ［" Position2Proctime"，7］：＝RpositionEndTime；
else
    WaitTime ［" Position2Proctime"，7］：＝LpositionEndTime；
end；
TotalTime ［" Position2"," Proctime" ］：＝ TotalTime ［" Position2"," Proctime" ］ ＋
WaitTime ［" Position2Proctime"，7］；
@. move （current. Station2）；
current. Station2Simulation；
when 8 then          ——当工件编号为 8 时，进行 Station1 工作站初始化
current. Station1Simulation；
PositionTime ［" RPosition1EndTime"，8］：＝RPositionEndTime；
PositionTime ［" LPosition1EndTime"，8］：＝LPositionEndTime；
PositionTime ［" RPosition1StartTime"，@. getno］：＝0；
PositionTime ［" LPosition1StartTime"，@. getno］：＝0；
if RpositionEndTime＞LpositionEndTime then
    WaitTime ［" Position1Proctime"，8］：＝RpositionEndTime；
else
    WaitTime ［" Position1Proctime"，8］：＝LpositionEndTime；
end；
```

TotalTime［"Position1","Proctime"］：=TotalTime［"Position1","Proctime"］+ WaitTime［"Position1Proctime",8］;

　　　　@.move（current.Station1）;

　　　　current.Station1Simulation;

　　　current.Source.ExitCtrlFront：=false;——装配线初始化结束，状态转为装配线运行标志

　　　current.Source.ExitCtrlRear：=true;

　　end;

　　if number>=9 then——装配线初始化结束，状态转为装配线运行标志

　　　　current.Station1Simulation;

　　end;

end;

附录 B　装配线的仿真运行代码

B1. Station2Simulation

is　　——定义仿真运行中的参数

　　LpositionTime：real;——定义左工位完成时间

　　RpositionTime：real;——定义右工位完成时间

　　RealPositionTime：real;——定义 Station2 的完成时间

　　task3time：real;——定义 task3 的随机生成时间

　　task7time：real;——定义 task7 的随机生成时间

　　task9time：real;——定义 task9 的随机生成时间

　　task14time：real;——定义 task14 的随机生成时间

　　task15time：real;——定义 task15 的随机生成时间

　　task17time：real;——定义 task17 的随机生成时间

　　task18time：real;——定义 task18 的随机生成时间

　　task22time：real;——定义 task22 的随机生成时间

　　task23time：real;——定义 task23 的随机生成时间

do

——随机工序时间的生成

　　task3time：= z _ normal（2, TaskInformation［"task _ proctime","3"］, TaskInformation［"task _ RQ","3"］ * RQ _ Index）;

　　task15time：= z _ normal（2, TaskInformation［"task _ proctime","15"］, TaskInformation［"task _ RQ","15"］ RQ _ Index）;

　　task17time：= z _ normal（2, TaskInformation［"task _ proctime","17"］, TaskInformation［"task _ RQ","17"］ RQ _ Index）;

　　task18time：= z _ normal（2, TaskInformation［"task _ proctime","18"］,

TaskInformation ［" task _ RQ"," 18" ］RQ _ Index)；

    task7time： = z _ normal (2, TaskInformation [" task _ proctime "," 7 "], TaskInformation ［" task _ RQ"," 7" ］RQ _ Index)；

    task23time： = z _ normal (2, TaskInformation [" task _ proctime "," 23 "], TaskInformation ［" task _ RQ"," 23" ］RQ _ Index)；

    task14time： = z _ normal (2, TaskInformation [" task _ proctime "," 14 "], TaskInformation ［" task _ RQ"," 14" ］RQ _ Index)；

    task9time： = z _ normal (2, TaskInformation [" task _ proctime "," 9 "], TaskInformation ［" task _ RQ"," 9" ］RQ _ Index)；

    task22time： = z _ normal (2, TaskInformation [" task _ proctime "," 22 "], TaskInformation ［" task _ RQ"," 22" ］RQ _ Index)；

——工序 3，15，17，18 的开始结束时间生成与采集

TaskStartEndTime ［" Task3StartTime"，@.getno+1］：=0；

TaskStartEndTime [" Task3EndTime ", @ .getno + 1]： = TaskStartEndTime [" Task3StartTime"，@.getno+1]+task3time；

TaskStartEndTime [" Task15StartTime ", @ .getno + 1]： = TaskStartEndTime [" Task3EndTime"，@.getno+1]；

TaskStartEndTime [" Task15EndTime ", @ .getno + 1]： = TaskStartEndTime [" Task15StartTime"，@.getno+1]+task15time；

TaskStartEndTime [" Task17StartTime ", @ .getno + 1]： = TaskStartEndTime [" Task15EndTime"，@.getno+1]；

TaskStartEndTime [" Task17EndTime ", @ .getno + 1]： = TaskStartEndTime [" Task17StartTime"，@.getno+1]+task17time；

TaskStartEndTime [" Task18StartTime ", @ .getno + 1]： = TaskStartEndTime [" Task17EndTime"，@.getno+1]；

TaskStartEndTime [" Task18EndTime ", @ .getno + 1]： = TaskStartEndTime [" Task18StartTime"，@.getno+1]+task18time；

——工序 7，23，14，9，22 的开始结束时间生成与采集

TaskStartEndTime ［" Task7StartTime"，@.getno+1］：=0；

TaskStartEndTime [" Task7EndTime ", @ .getno + 1]： = TaskStartEndTime [" Task7StartTime"，@.getno+1]+task7time；

TaskStartEndTime [" Task23StartTime ", @ .getno + 1]： = TaskStartEndTime [" Task7EndTime"，@.getno+1]；

TaskStartEndTime [" Task23EndTime ", @ .getno + 1]： = TaskStartEndTime [" Task23StartTime"，@.getno+1]+task23time；

if TaskStartEndTime [" Task23EndTime ", @ .getno + 1] > TaskStartEndTime ［" Task3EndTime"，@.getno+1] then

TaskStartEndTime [" Task14StartTime ", @ .getno + 1]： = TaskStartEndTime

```
["Task23EndTime", @.getno+1];
  else
    TaskStartEndTime ["Task14StartTime", @.getno + 1]: = TaskStartEndTime
["Task3EndTime", @.getno+1];
  end;
    TaskStartEndTime ["Task14EndTime", @.getno + 1]: = TaskStartEndTime
["Task14StartTime", @.getno+1]+task14time;
    TaskStartEndTime ["Task9StartTime", @.getno + 1]: = TaskStartEndTime
["Task14EndTime", @.getno+1];
    TaskStartEndTime ["Task9EndTime", @.getno + 1]: = TaskStartEndTime
["Task9StartTime", @.getno+1]+task9time;
    TaskStartEndTime ["Task22StartTime", @.getno + 1]: = TaskStartEndTime
["Task9EndTime", @.getno+1];
    TaskStartEndTime ["Task22EndTime", @.getno + 1]: = TaskStartEndTime
["Task22StartTime", @.getno+1]+task22time;
    RpositionTime: = TaskStartEndTime ["Task22EndTime", @.getno + 1]; ——
task22 endtime
    LpositionTime: = TaskStartEndTime ["Task18EndTime", @.getno + 1]; ——
task18 endtime
  PositionTime ["RPosition2EndTime", @.getno+1]: =RpositionTime;
  PositionTime ["LPosition2EndTime", @.getno+1]: =LpositionTime;
  if Station2. StatNumOut>0 then
    PositionTime ["RPosition2StartTime", @.getno]: =EventController. SimTime;
    PositionTime ["LPosition2StartTime", @.getno]: =EventController. SimTime;
    PositionTime ["RPosition2EndTime", @.getno]: = EventController. SimTime +
PositionTime ["RPosition2EndTime", @.getno];
    PositionTime ["LPosition2EndTime", @.getno]: = EventController. SimTime +
PositionTime ["LPosition2EndTime", @.getno];
  end;
  if @.getno<9 then——初始化过程中用于全局变量传递左右工位的结束时间
    RPositionEndTime: =RpositionTime;
    LPositionEndTime: =LpositionTime;
  end;
  if RpositionTime>LpositionTime then ——计算工作站的处理时间
    RealPositionTime: =RpositionTime;
  else
    RealPositionTime: =LpositionTime;
  end;
```

```
Station2. Proctime：=RealPositionTime；——为对应工作站的处理时间赋值
if RealPositionTime > CycleTime then——判断工作站的处理时间是否大于节拍时间
    @. move（current. store2）；——若工作站的处理时间是否大于节拍时间，则产品下线
    ProductNumber［3，1］：=ProductNumber［3，1］+1；——产品下线数量+1
    ProductNumber［4，1］：=ProductNumber［1，1］；；——ProductNumber［2，1］；——
ProductNumber［3，1］；
    end；
    return RealPositionTime；
    end；
```

附录 C　仿真数据采集和数据分析代码

C1. CountTotalProduct，产品上线统计

```
do
    ProductNumber［1，1］：=ProductNumber［1，1］+1；——产品上线总数统计
    ProductNumber［4，1］：= ProductNumber［1，1］；——ProductNumber［2，1］；——
ProductNumber［3，1］；
    IntSimulationTimes：=IntSimulationTimes+1；——仿真次数统计；
    ——工位信息采集按仿真次数编号
    PositionTime［1，IntSimulationTimes］：=IntSimulationTimes；
    ——工序信息采集按仿真次数编号
    TaskStartEndTime［1，IntSimulationTimes］：=IntSimulationTimes；
end；
```

C2. CountProductComplete，产品完成统计

```
do
    TotalProduct：=TotalProduct+1；——产品完成工件数统计
    ProductNumber［2，1］：=ProductNumber［2，1］+1；
    ——产品在线加工数统计
    ProductNumber［4，1］：= ProductNumber［1，1］；——ProductNumber［2，1］；——
ProductNumber［3，1］；
    Product _ num；——日产量统计
    reliability _ count；——日产量波动统计
end；
```

C3. Product _ Num，日产量统计

```
do
    if day _ num=1 then；——统计下一天日产量
```

```
      if Current. EventController. Simtime>28800   day_num then；——每天统计时间为 8 小时
         productivity［day_num，" total_productivity"］：=TotalProduct-1；
         ——每天产量统计
      productivity［day_num，" day_productivity"］：= productivity［day_num，" total_
productivity"］；
         day_num：=day_num+1；——统计下一天产量
      end；
   elseif Current. EventController. Simtime>28800   day_num then——每天统计时间为 8 小时
         productivity［day_num，" total_productivity"］：=TotalProduct-1；
         ——每天产量统计
   productivity［day_num，" day_productivity"］：= productivity［day_num，" total_
productivity"］-productivity［day_num-1，" total_productivity"］；
         day_num：=day_num+1；——统计下一天产量
   end；
end；


C4. Product_Num，reliability_count，日产量波动统计
is
   n：integer；
   daytime：integer；
   count_number：integer；
   special_count_number：integer；
   n_str：string；
do
   if day_num>1 then
      from n：=61；——统计日产量波动统计范围设定为 61 台/天至 65 台/天
      until n>65 loop
         from daytime：=1；——搜索日产量从第 1 天至第 day_num 天
         until daytime>day_num loop
            ——统计日产量大于等于 n 台/天对应的天数
            if productivity［daytime，" day_productivity"］>n-1 then
               count_number：=count_number+1；
            end；
               ——统计日产量为 n 台/天对应的天数
            if productivity［daytime，" day_productivity"］=n then
               special_count_number：=special_count_number+1；
            end；
            daytime：=daytime+1；
```

```
    end;
    n _ str：=num _ to _ str (n);
    reliability [n _ str," count _ number" ]：=count _ number;
    reliability [n _ str," special _ count _ number" ]：=special _ count _ number;
    ——统计日产量大于等于 n 台/天的概率
    reliability [n _ str," reliability" ]：=reliability [n _ str," count _ number" ]    100/
(day _ num-1);
    n：=str _ to _ num (n _ str);
    n：=n+1;——准备统计 n+1 台/天对应的天数
    count _ number：=0;——清零日产量大于等于 n 台/天对应的天数
    special _ count _ number：=0;——清零日产量为 n 台/天对应的天数
    end;
  end;
end;
```